# 竹科人

楊欣龍 文字
李鼎 攝影

# 目次

陀君山

## 序　細數竹科發展源始　沈君山

我雖然並不算竹科人，但可以跟大家分享一些竹科的歷史。一九七三年我在清華大學擔任理學院院長，當時徐賢修先生擔任國科會主任委員兼清華大學校長，科學園區的籌設最初便是由徐先生於一九七五年向當時擔任行政院長的蔣經國先生建議的。我因為協助徐先生處理清大校務的緣故，常有機會聽他提及Science Park的Idea，實際的規劃我雖然沒有參與，但對於其中的過程約略了解。

說到「新竹科學園區」的建立對台灣最重要且立即的貢獻，應該在於對人才的吸引以及凝聚「人才密集」的產業——即所謂的高科技產業。當時台灣的產業已經由從前的「勞力密集」開始進入「資本密集」，至於「技術密集」的發展則相當缺乏。科學園區當初從命名開始就指出了未來發展的主要方向，原本曾經構思過「Science Industry Park」的名字，徐賢修先生堅持要將「Science」擺在最前面，顯見他對高科技這一環的強調。

當年「加工出口區」是李國鼎先生在經濟部任內的重要計畫，但「加工出口區」，只是將原料加工後出口，本身並無高科技的成分，是一種比較基本的產銷模式。「科學園區」則以高科技結合「加工出口區」的發展模式，不但為旅外的人才提供了良好的發展空間，同時對於他們歸國後生活、子女的教育等問題都有妥善的安排，於是海外的高科技人才逐漸開始回流台灣，大幅充實了台灣本身的技術潛力。

我想補充一點，就是李國鼎先生在竹科建立的過程中扮演了相當重要的角色，當時李先生擔任政務委員一職，政務委員雖然沒有自己專屬的部會，但卻掌管許多重要專案，在政府系統內的協調上往往可以發揮相當的影響力。在竹科的籌畫過程中，一度面臨地點的抉擇問題，有些人主張將竹科設在鄰近中山科學院的桃園——如果當年「科學園區」設在桃園，發展必然和今天的走向完全不同，「科學園區」將很容易走向依附國防發展的方向。再加上當時的經濟部長孫運璿先生本人是文人工程師，當然了解科技人才是園區成敗的關鍵因素，因此也同意將「科學園區」設在地近清大、交大的新竹，高科技工業發展搭配學術殿堂，附近還有工業技術研究院等研究單位，地利搭配人和都是「竹科模式」賴以成功的重要因素。

即使有了一群優秀的菁英，要憑空建構出一個龐大的科學園區，土地的取得仍然是最麻煩的問題。徐賢修先生對「科學園區」的規劃要實際付諸執行時首先面臨的問題便是與地主的協調，我曾跟著徐先生一起去洽談這些問題，包括拜訪、吃飯及協商等等。土地的徵收牽涉到地主的權益，而補償也是爭議的焦點之一，因此當時才會傳出一棵樹價值八百

元的說法。後來當時的台灣省主席林洋港先生出面協助，他在短短兩個星期內便全盤解決土地問題，也因此讓徐賢修先生相當肯定林洋港先生的魄力與才幹。

其實當年科學園區的目標只是想發展高科技產業藉以吸引人才。但時至今日，「竹科」已經是台灣重要的經濟命脈之一。此外，竹科同時也是許多經濟新興地區的重點模仿對象，以大陸而言，已經發展了不知多少「Science Park」，有的成功，有的失敗，但即使那些成功的科學園區，頂多成就就如「竹科」一般，而難以再超越！

雖然看了這麼多竹科的風光面，但我還是觀察到一些竹科的問題。眼下大家關注的焦點幾乎都在政治上，當年那股對單純拚經濟的熱情已不復見，這是個相當可惜的現象。記得某一次竹科大停電，由於高科技製造業在生產上十分依賴電力的供應，短短一段時間的停電就造成了幾億元的損失，這點指出了竹科在生產面上受制於供電品質的隱憂。此外，竹科裡的高科技產業往往要仰賴高素質的人力資源以維持運作，然而「人才」非如土地與資本一般容易掌握，一間企業隨時可能因為人才的大量流失而出現危機，這點顯示了竹科企業結構上的薄弱。而「快、拚、高效率、高收入」是我所見到的竹科特質，高效率是生產技術上的一種優勢，對於市場動向的掌握也很關鍵，但追求快速與高效率的同時，卻也可能會有不夠深入的隱憂。今日竹科如果能夠在以上這幾個問題上加強，相信一定可以更上一層樓。最後我還是必須再說明一次我並不是竹科人，因此以上是我個人的一些看法，或許未必客觀，謹供參考。

# 竹科人

# 賈斯汀

**Justin**

**半導體IT工程師**

輪班與否——不需輪班，但需加班　語言限制——英文讀、寫能力佳　升遷指數——★★★☆☆

## Justin的眼中，世界是不一樣的

從小就希望能朝資訊、電機等領域發展的Justin，在交大資訊所畢業後進入竹科。目前主要從事IT設計方面的工作，具體的項目是處理公司的流程自動化、系統障礙排除等等。Justin每天的生活可說高度依賴網際網路，不只生活或工作上大部分的資訊多藉由網路蒐集而來，就連報紙也都只看電子報。Justin認為資訊時代的來臨是潮流也是趨勢，縱使不是從事資訊相關領域的工作，每個現代人都可以藉由網際網路方便地獲得生活上的相關資訊。

然而身為一個專業的IT工程師，Justin對資訊學習的需求得採取高標準，因為IT領域需要高頻率地接觸新資訊，而VB、Java等相關工作語言更新的速度又太快，因此Justin必須隨時保持在學習的狀態，否則很容易在這個領域遭到淘汰。

儘管是竹科裡的大公司，但專職的IT工程師卻沒幾個，前幾年公司的跨廠區新資訊系統剛上線，Justin跟另外兩位同事簡直忙翻了。每天早上八點多進公司，還沒踏進辦公室，遠遠地就聽到響個不停的電話聲，不知情的人還可能會以為那是個專接電話的客服部門——每天的工作內容就是接電話、接電話、還是接電話。上班時間得處理使用者層出不窮的問題，有些問題好解決，畢竟大家只是對新系統還不習慣，但如果是系統本身在設計上出了問題，那可就不是三言兩語能打發的。儘管不全是Justin的責任，但既然造成了同

**PROFILE**

男性｜33歲｜未婚｜O型｜天蠍座

交通大學資訊系・所｜年資6年｜年薪100萬

喜歡攝影與音樂，無可救藥的浪漫主義者。

仁的不便，Justin還是不停地Say Sorry。記下問題之後下一通電話可能立刻又進來，好不容易捱到了下班時間，白天記下來的問題今天不處理，明天又有新的問題。因此緊接著Justin必須加班修改程式的錯誤或是設定新的需求，直到系統漸漸穩定，使用者的問題比較少之後，這個惡夢才算結束。

在Justin的竹科人生涯中，他曾經一度離開新竹而到台北的IBM改行從事業務工作長達一年多的時間，之後又應老主管的邀請再度回到竹科的原公司。有些朋友認為這段出走又回籠的歷程是一種浪費，但Justin一向相信人生中有許多無法預測的機緣，去IBM的決定固然中斷了現職的年資及年假累積等福利，但如果永遠停留在相同的環境，又怎能一窺廣大的世界?對於IBM這段工作經驗，Justin從未感到後悔。

繞了一圈又回到資訊工作的崗位上，Justin在工作之餘架設了自己的網站，並不時將自己拍攝的照片放在網站上。二〇〇三年四月Justin排出一小段假期，網路上覓得兩位同好，完成了一次單純的自助旅行，短短的六天裡Justin用鏡頭捕捉了希臘的「藍」與「白」。將難忘的回憶留在心中，一千多張照片放到網站上與大家分享，意外地在網路上廣為流傳並深獲好評，《我的心遺留在愛琴海》這本暢銷書就這麼問世了。雖然他自己總是謙虛地覺得：「誰到了希臘都能拍出這樣的照片吧！」但對於追求完美的Justin而言，最好的作品似乎永遠在下一張。

由於公司的系統持續在更新，因此每當新系統上線就是IT工程師的工作輪迴，忙完

### 什麼是IT

IT是Information Technology的縮寫，也就是資訊科技，一般泛指利用電腦管理和處理資訊，進一步而言，就是利用資訊系統處理公司各項業務，至於處理的範圍視需求者而定，使用技術及應用層面相當廣，現代人日常生活中許多事物，如Internet、網路購票、卡通動畫等等，都屬於資訊科技的應用範圍。現代企業大多設有專門負責電腦資源的部門，我們稱之為MIS（Management Information Systems管理資訊系統）或IT（Information Technology資訊技術）。不過MIS與IT還是有所不同，MIS大部份運用在公司內部的資訊管理上，而IT通常是指特殊功用的程式或科技系統，多半與營利功能相關。

一場可以喘口氣，等到下次系統更新的時候又進入忙碌週期。適時排遣壓力對於IT工程師非常重要，只有把精神養足了，才能走更遠的路。音樂能陶冶性情，舒緩人的情緒；澄澈的心靈則可以過濾凡塵俗世的喧擾，捕捉感官世界中最美麗的畫面。除了旅行之外，Justin靠著音樂與攝影做為生活的精神食糧。

Justin小時候住在高雄文化中心旁，每天降旗時分都會聽到文化中心播放的民歌或愛國歌曲，時間往往長達一個小時，這是Justin最早的音樂教育。高中時期Justin已經是一個迷戀各種音樂的樂迷，當時的零用錢雖然不多，即使省吃儉用，他也堅持每週至少要買一張CD。隨著年紀漸長，經濟能力日益寬裕，Justin在家中為自己規劃了一間視聽劇院。或許有些人會覺得只要有錢誰都做得到，但Justin劇院中的每一項設備都經過他精心挑選並親手安裝測試。自行安裝或許不能減少金錢的花費，但自己建構的心血結晶卻更能讓他樂在其中。一般人早晨起床的第一件事或許是洗臉刷牙，但Justin一起床，古典音樂便會在空氣中起舞，如此寫意的生活，難怪Justin一回到家就不想再出門。

為了避免繁忙的工作綁縛人的心靈，儘管工作佔去了生活中大部分的時間，但Justin還是努力地在現實的夾縫中呼吸幾許自由空氣。他刻意為自己選擇了一個距離市區很遠的社區，讓一條條鄉間小路引領他每天上下班。每當心情煩悶時，他會駕著休旅車恣意奔馳，或許沒有目標，也可以沒有同伴，但求能讓心靈飛翔。在他的休旅車上隨時準備了睡袋、毛毯以及換洗衣物，累了就睡在車上，早上洗臉刷牙之類的問題則在路邊的加油站裡

**如果想要擔任IT工程師，你必須……**

**1**｜必須具備ERP系統處理能力，如果有相關證照更好。**2**｜必須對於一般電腦常見問題具處理的能力。**3**｜必須會使用各項作業系統、辦公室應用軟體、繪圖軟體與網頁技術軟體。**4**｜許多IT工程師必須負責與公司營運功能相關的特殊功用程式或科技系統，因此必須視公司需求隨時保持學習狀態。

解決。

Justin的家透露著「親手打造優質的生活環境」的訊息。除了視聽劇院的規劃，Justin家中處處可以見到他對居家環境的巧思，特別的家具，襯景的擺設，別出心裁的空間配置，這一切都是他親力親為的傑作。雖然他很重視也依賴高科技產物帶來的便利，但在生活中卻很排斥一些太過格式化的加工產物。以MP3為例，設計上除去了一些人類感官所不能察覺的細微因子以達到壓縮檔案的效果，但這些經過高科技特別處理的痕跡往往逃不過他敏銳的感官。Justin很重視自己最初始的靈感，常常願意為了捕捉最完美的一刻，而讓自己定在相機後很長一段時間，只為了等到最適合按下快門的那一刻。他那專注的神情與堅定的身影似乎在說：「Justin的眼中，世界是不一樣的。」

前往寶山水庫的路上，Justin車上放著古典樂，他不時跟著音樂輕輕地哼唱，像個唱詩班的孩子。沿路房地產廣告用的是他當年拍攝的愛琴海照片，讓他想起各處旅遊的喜悅。Justin一個人住在獨棟三層公寓中，客廳裡沒有電視，卻有個小酒吧。屋裡的每個細節都是他夢想的結晶——屋內的樓梯漆成愛琴海風味的白色，上面有著正方透光的裝飾；真空管音響完美無暇地還原真最美的音樂原味；每天清晨，他在這有霧有陽光的地方，被窗外的鳥叫叫醒，開始他一天的生活。

# 李玉梅

Lee Yu Mei

**外商專案經理**

輪班與否——無輪值班問題　語言限制——視業務範圍而定　升遷指數——★★★☆☆

## 用正確的方式，做喜歡的事

今年三十七歲的李玉梅在竹科不知不覺已十年了。大部分工科畢業的人在竹科多半擔任工程師，但科班出身的李玉梅喜歡多樣化的工作性質，因此她選擇接觸許多不同的職務，從公關部門到市場行銷，從國外業務到專案企畫，甚至被戲稱為「Sorry Department」的客戶抱怨處理部門（或稱為客服部）李玉梅也在那邊工作過。隨著年資與經驗的日益累積，她在公司內歷練了相當多的部門。工作資歷愈來愈完整，伴隨而來的自然是更大的責任與負擔。有感於能留給家人的時間太少，李玉梅毅然決定放棄既有的高薪與職位，轉而另覓一份能讓她有更多時間陪伴家人的工作。

回想幾年前父親中風住院那段時間，李玉梅的生活與心情只能以「慌亂」來形容。班固然要上，在醫院的父親卻也不能丟給媽媽一個人照料，當時她在外商公司擔任專案經理，李玉梅每天比其他人更早進公司，只為了能趕快把例行的公事處理完，多爭取一點時間，因為說不準什麼時候媽媽從醫院來一通電話，李玉梅就得飛奔過去支援，有時忙完了家事就順便在外面拜訪客戶，抓緊時間再趕回公司開會。這種公司、家裡及與醫院三頭跑的日子，直到現在她都很難想像是怎麼熬過來的。

幸而外商企業注重實際績效甚於工時長短，只要能處理好分內的事，公司不會期待員工超時工作。相較於本土公司的忙碌，這股彈性正是李玉梅所需要的，隨著父親的身體日

**PROFILE**

女性｜37歲｜已婚｜O型｜天秤座

清華大學工業工程所｜年資10年｜年薪100萬

喜歡打橋牌，更喜歡推廣橋牌。

漸康復，慌亂的狀況才慢慢地趨於平靜。

父親的病雖然暫時打亂了李玉梅平靜的生活，卻在另一方面製造了豐富心靈的契機。原本她並沒有宗教信仰，三年多前進入外商公司後，熱情的同事們向她分享了基督教信仰所帶來的充實與喜悅。起初她抱持著猶疑的態度，在父親住院期間，團契的朋友們經常帶牧師到醫院替父親禱告，他們不求回報的無私關懷讓李玉梅相當感動。也許是個奇蹟，父親就這樣逐漸地痊癒了，於是她逐漸開始相信，神是存在的。

有了信仰的李玉梅常常禱告，冥冥中彷彿有一股力量在支持她，而正向的回饋也愈來愈多。心情的平靜是最直接的感受，許多向來困擾她的問題現在看來也不再那麼嚴重，心靈就像開了一扇窗，壓力從窗口被釋放出去，迎來的是希望與光明。面對這種難以解釋的改變，她認為既然有些事無法完全透過理性加以分析，何不先相信，再慢慢求證？自此，她的人生起了化學變化。從前的她是個凡事都想獨立面對並一肩挑起重責的人，因此常常造成自己莫大的壓力與心理負擔。自從接受基督信仰之後，她愈來愈覺得自己深受上帝的眷顧，而不再需要一個人面對那些紛擾的問題。因此雖然不曾受洗，但信仰已成為她相當重要的精神依靠。

打橋牌是李玉梅閒暇時最大的嗜好，除了固定參加新竹橋會的活動之外，每年她還會安排二至三次國外的橋牌假期。橋牌是一項重視團隊合作與邏輯思考的益智活動，早在大學參加橋藝社開始，她便與之結下不解之緣。十多年來，李玉梅看過許多因為現實因素而

**什麼是「專案」與「專案經理」**

所謂「專案」是指特定的任務。為了執行此一任務，必須集結相關資源與人力而形成一臨時性的團隊，此團隊的領導者便是「專案經理」。專案團隊並非公司內的常設組織，例如高科技公司研發部門裡經常會因開發特定製程或是產品而臨時建立一個專案組織，又或是國際企業在不同區域因業務推廣需要而設置的不同專案。專案會訂有明確的任務目標及執行上的時程，一個專案經理在結束一個case後可能又要接手另一性質不同的專案，因此其所需的管理知能也有別於一般的管理模式，稱之為「專案管理」。

喝好茶要用透明玻璃杯。李玉梅用最好的茶葉招待我們，茶葉在透明玻璃杯中緩慢優雅地舒展開來，就像她的人一樣。喝著溫暖的茶，在一個溫暖的下午，他們一家人一起下棋。他們全家人都愛下棋，下棋的時候全家的心都在一起。

放棄興趣的例子，至於她對橋牌的喜愛為何能維持這麼久而不中斷呢？也許是因為她比較能承受挫折，這個道理雖然簡單卻不易做到。只要有競爭，有誰不曾為「得失心」所累？參加比賽的人都想拿好成績，鎩羽而歸固然令人難過，但如果只為了奪得冠軍而出賽，就算這次得勝，又要開始擔心下一次與下下次的表現，這樣又有什麼樂趣可言？李玉梅因為跳出了得與失的無盡循環，所以更能盡情地享受橋牌所帶來的樂趣。

除了打橋牌之外，李玉梅在推廣橋牌上付出了更多心力，凡是橋牌圈的事，她總是盡其所能地熱心參與。無論是辦活動、募款還是籌備國際賽，大家最喜歡找她幫忙，一來她具有良好的社交能力，同時她也真心喜歡自己在推廣橋牌上所做的事，這份熱情足以感染共事的人，大家的情緒似乎也往往跟著沸騰起來。

三年前剛進外商公司時，同事們偶然得知李玉梅是一位代表過台灣參加國際橋賽的女國手，便建議她在公司裡組織橋社。一般人大多不喜歡在工作之餘接手這些吃力不討好還沒有報酬的差事，但她卻興沖沖地一股腦兒投入這份工作，還一度利用假日義務為同事及朋友的孩子們開設橋牌課程，教室就設在自己家裡的客廳。從製作教材、搭配多媒體、準備獎品到上台授課全都一手包辦。儘管是額外的付出，卻也甘之如飴。「願意花時間去從事自己認為有意義的事，即使其他人無法理解。」這是李玉梅的信念。只要用對的方式，做喜歡的事，快樂都來不及了，怎麼會累呢？

**如果想要從事專案管理工作，你必須……**

**1**｜如果有上過PMP（Project Management Professional）課程，具有PMP證照更佳（外商公司更重視）。**2**｜會使用Microsoft office project 2003 或其他版本相關軟體是很基本的能力。**3**｜在「任務導向」之餘，「人際導向」也是成事的重要關鍵（因為專案並非常設，常常會接觸到不同的人事）。**4**｜社團法人中華專案管理學會http://www.npma.org.tw/ 可以找到一些相關資訊。

# 劉杰東

Liu Jie Dong

## 工研院行政服務中心職員

輪班與否——正常上下班，有活動時假日加班　語言限制——無　升遷指數——★★★☆☆

## 山頂的阿東兄

每當劉杰東想到當年因為差五分沒考上研究所，心中就感到惋惜，如果當初有碩士學歷，自己就有機會以國防役的管道進入工研院，如此不但兵役的問題解決了，連服役的時間也可以併入工作年資，豈不是一舉兩得，只可惜逝者已矣，人生不能重來。

劉杰東在民國七十三年進入工研院，任職期間歷練過許多部門，有電子所的系統整合測試部、工業服務市場部，他也曾經擔任過以軍方為主要業務接觸對象的軍方課課長、做過電通所工安業務。甚至還擔任過消防逃生演練的教官，諸如俗稱跳樓演練的緩降機操作、噴水滅火、通過濃煙區等技巧都是他的絕活。經歷豐富的劉杰東彷彿像孫悟空一樣會七十二變，但他卻也感嘆什麼都會的另一面就是什麼都不專精。

大部分的人多半會希望自己能在某一領域內縱向發展，以求持續累積工作經驗、資歷及人脈等專業能量，進而獲得較好的升遷機會。橫向發展的劉杰東雖然並非工研院的重點栽培對象，但不同的崗位卻也充實了自己的工作經驗與人生體驗，而且有機會為更多的同仁服務，例如目前同仁們能在合作社買到量販店與百貨公司的提貨券，就是他在擔任合作社理事主席時為大家爭取的福利。有些人也許覺得被調來調去的真麻煩，但樂天知命的劉杰東卻能以不同的角度看待這個事實，因為不易因長時間從事相同工作而產生職業倦怠，他反倒覺得自己很幸運！

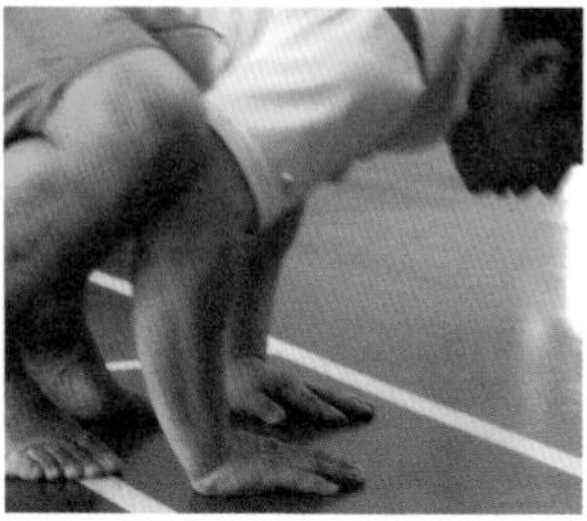

**PROFILE**

男性｜48歲｜已婚｜A型｜射手座

逢甲大學資訊系｜年資22年｜年薪70萬

喜歡打桌球，偶爾泡泡電玩店。

劉杰東目前在工研院負責教育訓練的相關業務，常常要在院內舉辦各種講習及訓練課程，從活動規劃、安排講師到宣傳全都必須一手包辦。事前的籌畫工作就已經夠麻煩了，活動當天還得應付很多突發狀況。最常見的就是那些大牌名師們遲到，而要上課的學員卻都早已坐定位。一夥人大眼瞪小眼的怎麼辦呢？別擔心，劉杰東是炒氣氛的高手，閒扯、講笑話或插科打諢可都是他的強項，有時變個魔術，有時示範簡易的指壓按摩技巧，因此凡是他辦的活動，向來趣味橫生絕無冷場。

別看劉杰東一副粗獷的外型，院裡許多同事都知道他是瑜伽高手，按摩手法一流，誰要是腰酸背痛找他準沒錯。劉杰東的太太在自家開了間小型的家教班，劉杰東下班回家還兼任數學老師。數學是許多學生的夢魘，他卻可以將許多有趣的技巧深入淺出地運用在教學上，他的學生中有一位還是FY93高中基測桃竹苗唯一的滿分。目前劉杰東計畫撰寫有關「數字記憶術」的書籍，希望能將他在數學與數字上的趣味絕活傳授給大家。他希望將來退休後能開一間才藝班，因為「誨人不倦」才是他最大的興趣。

在工研院服務二十年，也隨著工研院走過許多風風雨雨，多年下來，劉杰東也送走不少去竹科發展的人。「三載學藝，五年下山……下山要做什麼？當然是去園區撈股票囉！」有些同仁在工研院磨練之後，很容易被園區以優厚的條件挖角，接著便帶著珍貴的技術到竹科繼續從事研發工作。事實上，工研院的資歷確實對於研發能量與人脈上的累積有正向的助益。而且，工研院與竹科的關係原本就相當密切，例如台積一廠最早就設在工研院

竹科的工作壓力大，他很早就開始推廣以瑜伽放鬆身心。「像我這麼大塊頭都可以練瑜伽，那麼，誰不能學瑜伽呢？」那天，他做了一個倒立的瑜伽動作，顛倒看這個世界，由空間與人的相對關係中，他看到每個人在這個世界上存在的獨特價值。

智權契約與授權
統計方法與資料分析
工業實驗計畫法
田口式品質工程
工程品質設計實務—田口方法之應用(進階)
品質機能展開(QFD)
市場情報蒐集分析研判與策略研擬
品質提昇
車慧中
待聘
唐麗英
王春和
盧昆宏
研究同仁
一般同仁
計畫主持人/推廣工程師

**工研院與竹科的工作比較**

**1**｜工研院相當於公家機關，竹科內則是高度商業化的私人企業。**2**｜工研院的工作負擔較輕，工時正常；竹科的工作壓力較大，研發人員工作時間普遍較長。**3**｜工研院的公司待遇與福利穩定，不受公司的營收影響。**4**｜研發工作是工研院的重心，這方面經驗對於赴竹科從事相關工作有正面的助益。

（即現在的奈米科技研究中心），後來二、三廠才轉到園區，而聯電也是從工研院開始發跡的。工作性質相同，竹科業界卻多了工研院所沒有的配股分紅。然而豐厚的報酬往往也伴隨著較為辛苦的工作型態，劉杰東以海綿來比喻這兩種工作的不同——在工研院可以不斷吸收學習，但在業界就要不斷的回饋，將之前在工研院學的事情全部擠壓出來。收入更多但工作量也會增加，轉進園區後薪水如果調升為一點五倍，但付出卻可能多達二倍，不眠不休的工作司空見慣。

生活太緊繃是劉杰東眼中竹科人的生活形態。他記得當年任職於市場部時，曾有一位國外學成歸國的女碩士進入園區某公司擔任協理，誰知不到一年的時間就聽到她過勞死的噩耗。或許不完全歸因於工作壓力，但竹科人每天長時間在職場上拚死拚活卻是不爭的事實。談到將來，劉杰東也不排除自己進入業界工作的可能性，但他強調身體的健康不可忽略。做自己喜歡的事，擁有健康的身心並且開開心心過日子，這樣的人生才更值得追求。

### 工研院是什麼樣的一個機構

工研院位於新竹，是「財團法人工業技術研究院」的簡稱，是政府於民國62年立法設置的工業技術應用研究機構，其定位與功能可簡單分為「研究發展」及「產業服務」兩類。研究發展：探索具全球競爭力的新技術與新產業，並配合政府推動產業科技政策，從事與產業息息相關的研發，進而提昇國內之產業技術層次，同時致力於突破關鍵的技術瓶頸。產業服務：工研院在各地設有服務據點，業界可挑選工研院的既有技術，也可委託工研院開發或改善所需之特定技術及產品，甚至雙方共同合作進行研發事宜。

# 高長揚

Gao Chang Yang

## 國防役軟體工程師

輪班與否——視工作性質而定　語言限制——視工作性質而定　升遷指數——☆☆☆☆☆

## 請叫我科技尖兵

望著電腦螢幕右下方的00:15，心裡不斷地給自己打氣。高長揚很清楚自己為什麼坐在這兒挑燈夜戰，每天還得早出晚歸，除了因為明天客戶就要看到產品之外，追根究柢，關鍵還是三年多前簽下的那紙賣身契。

二〇〇一年一月，當時期末考剛結束，隨之而來的是寒假與農曆春節，假期應該是學生最歡樂的時刻，但對於即將要從研究所畢業的高長揚而言，假期之後就是一連串的挑戰。因為就在此時，所有待役的理工、資訊及高科技領域的應屆畢業準碩士役男們在此時陸續起跑，他們將參加一場足以影響往後數年生活的龐大競賽——「國防役名額爭奪戰」。沒有人會通知你這場比賽何時開始，即使多一個人或少一個人參加也不會有人在意。唯一能做的就是多投幾份履歷，亂槍打鳥總是會有收穫。

由於新竹科學園區的機會較多，高長揚決定重點出擊，往竹科一帶寄出了十五份履歷，之後陸續收到七間公司的面試邀約，其中工業技術研究院與日後任職的科技公司雙雙錄取了高長揚。回顧過去幾個月，準備履歷，等面試通知、趕論文、準備口試、前去公司面試，一根蠟燭多頭燒的滋味真不好受，幸好這一切總算塵埃落定，接下來是如何選擇的問題了。

「工研院以研究為主，工作的內容感覺跟唸書時很類似，業界的工作應該更有挑戰，

**PROFILE**

男性｜29歲｜未婚｜B型｜處女座

大同大學電機系・中正大學電機所｜年資4年｜年薪50-100萬

喜歡打籃球、保養自己的愛車。

說不定運氣好還可以配股分紅。」考慮了這一層，高長揚決定婉謝工研院的錄取通知，向科技公司表達了前往任職的意願。畢業後的高長揚先接受三個月的基礎軍事訓練，並與國防部簽下了選服國防役的文書，結訓後便正式向科技公司報到，開啟在竹科四年的國防役歲月。

在一間科技公司裡，國防役人員其實與一般員工沒有太多不同。身為軟體研發工程師，高長揚跟公司裡其他的研發人員一樣，每天平均待在公司十多個小時。相較於一般有明確工作內容的職務，外人常常搞不清楚研發人員跑進跑出忙些什麼，其實研發人員的工作性質較具多樣性，有時會進實驗室，測試設計的軟體是否能與硬體契合；也許一整天都坐在電腦前，絞盡腦汁只為了解決一個還不確定在哪兒的程式瑕疵；如果要交產品給客戶，還必須預先做準備，以便詳盡地說明產品的細節。除了一些例行或不定時召開的工作會議之外，研發人員必須安排自己的工作進度。有彈性規劃的空間，同時也要能配合研發團隊的任務。

想想在這段「當兵」期間，高長揚大體上都還算適應，公司不像某些企業會為國防役人員設立不同的遊戲規則，在這裡國防役員工得到的待遇與公司內其他的員工殊無二致，該有的福利一樣也不少。不過，還是有些微小的差異，舉例而言，國防役人員得在公司一待四年，沒有跳槽的空間，公司固然不會無故將之解職，但一旦遭解職便要回去當大頭兵，因此國防役員工多半對工作抱持著比一般員工更兢兢業業的態度。很多公司因此傾向

### 什麼是國防役

健康男性都有服兵役的義務，而國防役是讓應該服兵役的男性去民間企業工作抵役期。申請國防役名額的公司必須提具計畫書，說明該需求對國防發展的預期效益。近年來國軍持續精簡，為求將人力資源有效運用，因此開放民間企業向國防部申請名額。通常各公司在申請尚未獲准時就會先面試申請者，之後再按國防部核准的名額擇優錄取。因此申請國防役的學子們往往要多試幾間公司，面試後還要等國防部審核完畢才有可能收到公司的通知。相較於一年多的義務役期，國防役的薪水雖高，但在一間公司一綁就是四年，因此如果對將來另有規劃的人，必須考慮這一點。

假日辦公室裡還是來了很多人，大家默默各自忙工作。高長揚是一個安靜的人，他與這家公司氣質極度相近，讓人難以想像他並非這裡的正職員工，而是替代役役男。看到這些安靜的人，讓人想起「敬業」這兩個字。沒有人喜歡加班，但那天我們見到了一群任勞任怨的員工。

將一些麻煩或是需要長期追蹤的任務交給國防役員工。雖然如同額外負擔，但對於「退伍」後有心繼續留任的人而言，倒可視之為一種磨練的機會。記得還在受就職前新兵訓練時，某些「同梯」的公司因營運問題而突然宣布放棄今年所有招收的國防役人員，雖然明知國防部會設法為那些人另謀出路，但前途未卜的憂慮明顯地浮現在他們臉上，想到這兒，高長揚覺得自己實在很幸運。不但可以學以致用，薪水也遠比當一般兵來得高，每個月扣除房租及必要開支，存個兩萬元沒問題，退伍後大概就可以換台新車囉！

雖然服國防役是累了些，但學以致用也讓他感到很踏實。有些國防役伙伴們當初因為找到了很理想的公司，他們大多都會選擇在原公司留任。但也有些「同梯」因為對公司不抱信心，所以選擇要去其他公司求職。留任的好處是不需要再適應新環境，而且保有了四年既有的年資。但如果有機會找到營運績效更好，或是主力研發產品與自己興趣專長相契合的公司，或許換個環境也值得一試。高長揚認為自己將來應該還是會繼續待在研發的領域裡，至於是不是現在這間公司，也許還要考慮考慮。

再過兩個月退伍，高長揚目前正在計畫退伍後的動向。回想這四年來的生活，簡直可以用以下的對聯形容：

上聯——任勞任怨，做滿四年。

下聯——苦幹實幹，通宵加班。

橫批——耐操、好擋、跑不去。

**如果想要申請國防役，你必須……**

**1**｜至少需具備研究所學歷。**2**｜學歷背景涉及資訊、理工、航太等高科技研發領域。文科與社會科學方面的需求或許也會逐漸產生，但數量不多。**3**｜簽約時間比一般役期長，合約期滿前不得離職，否則仍然要回去當兵，且不計先前在公司的服務時間。

# 阿哲

**A Zhe**

## 管理職設備工程師

輪班與否——不輪值夜班，但定期輪值假日班　語言限制——英文能力　升遷指數——★★★☆☆

相較於六年前剛進公司的新人時期，阿哲現在的工作性質由單純的工程師升任管理職，是介於副理與工程師之間的角色。不用再和其他工程師一起分排夜班，但平均兩個月必須值一次假日班。為了避開塞車的時段，阿哲每天趕早出門，八點前踏進公司，往往連大氣還沒喘一口就要開會，會後馬上就分配工作，接著進廠房，一整天可能就耗在那兒了，有時連午飯都沒吃，儘管公司不鼓勵為了工作而廢寢忘食，但現實上比比皆是。到了下班時間，阿哲還得要開會，通常要到晚上十點才能離開辦公室。因此阿哲認為，凡是能在生產線周邊撐到四年以上的人，本身必然具有一定的能力與抗壓性。

阿哲剛進公司時專責擔任設備工程師，最主要的任務是針對「責任機台」進行必要的保修，以維持生產線的順暢運作，當中的過程雖然視每天臨場的狀況而有不同，但總是有明確的工作標的。然而現在承接了管理的責任，職務的重心比之前更顯複雜。從前只需思考如何把任務完成，屬於單兵突擊；現在則是要思考如何讓大家一起合作完成任務，這是帶兵作戰。過去在工作會議上是任務接受者，現在則逐漸轉型為任務分派與監督的角色，阿哲必須更深入地掌握單位裡的人與事。舉凡工作任務的規劃、接收夜班交接的進度、隨時掌握生產線上的最新狀況、進度是否照計畫執行、各機台是否都發揮了應有的產能……這些也都開始成為阿哲必須關心的事。維修機台靠的是工程師在專業上的能力，而領導生

**PROFILE**

男性｜34歲｜已婚｜O型｜天秤座

淡江大學機械系・中山大學機械所｜年資6年｜年薪100萬

希望能於45歲退休，可以帶家人四處走走。

產團隊卻需要面對很多「人」的問題，溝通協調與責任的承擔是全然不同的挑戰。

線上工程師就像是執行作戰任務的戰士，在此之上，管理人員要負責指揮，同時也擔下了部分的成敗之責。阿哲願意在這方面給自己一些挑戰，但還是有很多工程師選擇不斷地在專業的崗位上磨練自己的經驗，這就視個人的規劃與公司的安排而定了。

儘管竹科生活大不易，但「科技新貴」的金字招牌還是吸引著大批的年輕人競相投入。在竹科六年的工作生涯裡，阿哲看過、聽過太多來來去去的故事。想要在這裡有所收穫，好的規劃是不可缺少的。他認為年輕人要培養獨立思考的能力，因為剛進入職場的年輕人往往習慣於「一個口令一個動作」的被動模式，如此將很容易失去自己的主體性，以致逐漸在現實的環境中迷失方向。踏進竹科前就要先考慮清楚，自己能不能承受這裡的工作負擔。此外還要注意「三選」——選對方向、選對產業、選對公司。這部分在進入職場之前就可以先做功課，例如不時留意財經、產業方面的資訊，如此有助於了解職場的需求動態。以男孩子而言，當兵期間就是預做準備的必要時機。進入職場後，馬上要開始調整自己的心態與腳步，如果捫心自問已盡了本分，卻還是發現不對勁，千萬要趕快踩煞車，盡快去尋找更合適自己的環境。有些人會抱著「再撐一段時間試試看」的念頭，拖著拖著一兩年就過去了，到頭來浪費的還是自己的寶貴時間。

十多年前，起飛中的高科技產業裡遍地是黃金，趕上這波熱潮的人大多已是今天的主管階級，股市的熱絡造就了一批因為配股分紅而短期致富的科技新貴，所以我們才有機會

### 什麼是生產線

工廠的功能在於將原料加工後製成產品，即一般通稱的「生產」。在一間現代化的工廠裡，不同的生產環節被區分開來，盡量使每個生產環節都達到單純而專精的目標，而原料在所有的生產環節都依序經歷過之後才會形成產品。不同的生產環節必須按部就班依序完成，將各生產環節依序排列就形成了一條線狀的生產流程，因此被稱為「生產線」。生產線的任何一個環節出差錯都可能會延宕整條生產線的運作，所以如何維持生產線的順暢是工廠的重要任務。生產線是工廠的命脈，因此維持生產線不間斷的正常運作，就是生產線上工程師的重要工作。

看鞋子就知道阿哲是個怎樣的人。那天他穿了一雙舊鞋，可是鞋子保養得非常好，也非常乾淨。雖然經濟能力允許他購買任何新的用品，但他永遠保養重於維修。進入竹科之後，他開始改變自己的髮型，讓自己突破工程師的刻板形象。就像他開的車子、用的球棒、穿的衣服，以及身邊的生活用品，全部都是非常有質感的物件，卻不奢華炫耀，乍看之下似乎平凡，細看就是與眾不同。

看到類似「竹科五年，賺飽退休」之類的夢想與傳奇。當時的新竹科學園區就像一座閃閃發光的金礦，但如果以為每個人都可以入寶山且滿載而歸，那可就大錯特錯了。很多人即使能適應竹科高密度的工作模式，卻犧牲了自己的生活品質。六年前阿哲從研究所畢業，進公司前做的健康檢查報告上幾乎每項指標都是綠色的正常指標，或許由於忙碌的工作壓力，這一兩年呈現紅字的項目似乎愈來愈多了。就讀大學及研究所期間，阿哲是個熱愛運動的陽光青年，系上的籃、排球隊他從不缺席。至於現在，只能每週打一次羽球讓自己流流汗，也許偶爾利用夜間跟朋友打打保齡球，此外就不容易再擠出可以運動的時間了。

不過還好現在的竹科人愈來愈重視休閒與生活空間，不再像十幾年前那般只知鎮日埋首於工作。基於環境與現實的改變，以前那一套苦幹實幹的文化勢必要有所修正，所以竹科主管們的觀念也不斷地在調整，管理上日益趨向人性化，現在的工作型態也不像從前那麼辛苦。今天的竹科人對休閒生活的需求也逐漸成為一種趨勢，大家都開始嘗試尋找工作與私人空間的平衡點，如果有機會，阿哲希望未來能再多為自己規劃一些運動時間。

因興趣而工作，在工作穩定之後尋求生活品質，漸漸成為社會中堅的阿哲朝著自己夢想的人生規劃穩健邁進。

**生產線上的職級架構**

**1**｜作業員與主管：負責單純的生產作業。**2**｜工程師與資深工程師：與作業員、作業主管合作促成生產流程。**3**｜主任工程師：資深工程師升任，除原本工作外，也要領導生產團隊。**4**｜科長：高一等的管理階級，管理團隊更大，責任更重。**5**｜副理：更高層的管理階級，管理團隊又更大，責任更重。

# 陳秋權

Chen Chiu Chuan

## 光電科技研發工程師

輪班與否——責任制，不需輪班　語言限制——英文能力　升遷指數——★★☆☆☆

## 遠距家庭的想望

星期五是個令人愉快的日子，對於陳秋權而言，忙碌的一週即將結束，週末的氣息愈來愈近，平日沈重的腳步也不禁輕快了起來。

在一間光電科技公司裡，研發工程師其實有相當程度的工作彈性，為了不要耽誤到下班時間，陳秋權今天特地早半個小時進公司，希望可以多爭取一些時間，也許今天上午就可以完成設計的Lay out。中午用完餐後，他也立即把握時間到生產線上去觀察產品的製造過程有沒有出現任何問題，順便也可以與生產線工程師交換一些意見，蒐集資訊做為改良設計的參考。

陳秋權的公司同時經營研發與生產，原則上研發工程師並不需要上生產線。但身為設計的研發人員，陳秋權覺得自己設計出來的東西就像是自己的孩子一般，哪個父母不希望自己的孩子好呢？所以大部分的研發工程師有空時還是會去生產線走走。其實一年前，陳秋權也曾經穿著無塵衣耗在無塵室，那段擔任生產線工程師的日子，每天必須準時上班打卡，但卻很難準時下班，工作時間比現在還要長。還好超時工作可以報加班費，收入也增加不少，想想那還沒繳完的房貸以及家裡的小baby，再辛苦些也是願意的。

通常週五時，從生產線上回到辦公室，陳秋權會先整理一週的工作成果，檢查自己有沒有跟上預定的進度，並且在週末假期來臨前先預排下週的工作計畫，忙碌的一個禮拜到

**PROFILE**

男性｜31歲｜已婚｜B型｜水瓶座

台灣大學物理所｜年資4年｜年薪100萬

閒暇時喜歡打電動，陪伴家人是生活中最大的滿足。

此終於結束了。儘管工作已經結束，但是對於陳秋權而言還不到輕鬆的時候，他還有更重要的約會。下班後先回住處休息一會兒，如果高速公路沒有塞得太嚴重，八點左右就可以先去交流道附近接妻子珮珮，然後一起開車回彰化看爸媽和孩子，大約還要再開兩個多小時的車。雖然很累，不過陪伴家人無疑是陳秋權一週裡最快樂的時光。

珮珮在台北中研院擔任助理，因為工作的緣故，夫妻兩人平日分隔兩地。去年初家裡剛添了一位小女兒，新生命的降臨固然充滿了喜悅，但隨之而來還有許多待克服的難題。

對於陳秋權而言，聚少離多的情形還可以相互體諒，對於從高中之後就外出獨立生活的他而言，不至於太難適應，不過孩子的年紀還小，不可能期待他理解大人的現實問題，這對親子關係的建立或多或少會有影響。珮珮則擔心經濟問題，如果她辭職帶孩子，就少了一份收入。要是請保姆，不但多一份支出，又要擔心保姆的專業問題。

幸而媽媽願意幫忙帶孫子，總算解決了燃眉之急，夫妻倆也比較能放心，但也造成了夫、妻與孩子週間分隔三地的情形。因此即使平日工作再忙，身心再疲倦，陳秋權與珮珮每個週末都一定要回彰化。現狀所造成的分離已成事實，所以陳秋權更珍惜假日陪伴家人的時間。

想知道親子關係的親疏，晚上哄孩子睡覺的時候最準了。週末雖然夫妻倆回到彰化家中與孩子共度週末，但是無論珮珮跟先生怎麼哄，女兒就是哭個不停，最後沒辦法還是只好向媽媽求救。奶奶一來，很神奇的，孩子甚至不用張開眼睛，單從習慣的動作與態度上

### 什麼是光電科技

「光電」是一門源自於美國的新興科技，「雷射科技」可視為其前身。1958年美國發明了「紅寶石雷射」技術，從此大規模開啟了光學科技的發展，例如照相機與望遠鏡便是光學技術運用下的產物。經過數十年的發展，進一步整合了光學、機械、電子與材料的科技就是我們今天所聽到的「光電科技」，將光電科技商業化後所形成的便是「光電產業」，其涵蓋範圍相當廣泛，從早年應用於國防、航太到今天的家電、通訊、資訊、影音視聽設備等方面都有光電科技的介入。如數位相機、液晶電視等都算是光電科技下的產物。

陳秋權是所有受訪者中最趕的人。他由公司機房趕來，拍完照之後又趕著下台中，與家人團聚共度週末。但在陳秋權的臉上卻絲毫不見匆忙的神情，依著我們規劃的畫面按部就班一個接著一個拍攝，既沒有疑問，也沒有抱怨。拍攝的地點在新竹火車站前面，這裡是新竹交通的樞紐，每個週末，他就在這裡南來北往，一週辛苦工作的結束緊接著一家團圓的開始。這個地點彷彿是他的句點，卻又是他的起點。

就能感覺出這是她熟悉的人，很快的就能安穩睡著。

女兒其實也不是完全不會認人，週末回到家夫妻倆都會讓女兒睡在中間，但當週末結束，到了晚上睡覺時間，孩子發現父母離開的時候又會開始哭，她一定感覺到每隔幾天就會有兩個人來陪她，但很快地這兩個人又會消失好多天。想到孩子在這段最需要人陪伴她成長的時刻，自己卻不能在她身邊，珮珮不禁有些難過。

努力工作最直接的動力就是要帶給家人更好的生活，陳秋權沒有不良嗜好，不抽煙不喝酒，平常下班後的休閒活動也不多，頂多打打電動。之前部門的人常常會相約在下班後一起打打「世紀帝國」之類的連線電玩，只要同事一提議，保證他會三步併做兩步衝回家，電話聯繫之後迅速連線，一玩就是兩、三個小時。

遠距家庭畢竟諸多不便，陳秋權此刻最希望的就是全家能在一起，有更多的時間可以陪孩子。最近他在台中買了房子，由於公司在台中有設廠，他開始申請調任台中，而珮珮也要嘗試在台中找份工作，如果順利，今年就可以一家團圓了。

身為高產能的經濟重鎮，竹科滿載著外來者的夢想，像陳秋權與珮珮這般的家庭型態必然還存在於竹科的許多角落，他們分別用自己的方式在現實的考驗下奮鬥，想必那又是許多個不同的故事了。

**想擔任光電領域工程師，你必須……**

**1**｜具備理工相關科系研究所學歷。**2**｜不同科學園區產業重心可作為求職時的參考：新竹園區—半導體產業。中部園區—航太、精密機械及光電產業。南部園區—光電產業。

# 北兒

Bell

**半導體工安環保部員工**

輪班與否——正常工作時間，不須輪班　語言限制——無　升遷指數——★★★☆☆

## 人生可以隨時歸零

算算日子，北兒常常不敢相信自己已經在竹科工作八年了。她從國立藝專畢業後順理成章地投入傳播、電視界，就這樣載浮載沈地過了幾年。然而家人們總覺得這個領域工作性質不夠穩定，而北兒也開始思索傳播界的工作是否能滿足自己的理想，正好妹妹當時在新竹工研院服務，因此她便到竹科謀職，面試後進入現在任職的公司。

北兒在竹科的第一份工作是半導體公司的作業員，雖然她學歷普通又無相關背景，但由於在職場上已有豐富的經歷，北兒被分配到廠內的無塵室入口，專責無塵室的管制工作，主要工作內容是發放回收無塵衣及管制人員進出。

每天看著那些「四班二輪」的技術員進進出出，北兒一開始也曾經問自己為什麼要待在這個單調的環境，每天做著一成不變的事，然而看到其他的同事都那麼勤快而沒有怨言，就連年紀稍長的歐巴桑，在工作態度上也是戰戰兢兢，於是北兒放下身段歸零重新學習。「別人行，為什麼我不行？」就在這股信念支持下，八年多下來，她在公司的職務次第由單純的基層作業員調整至目前風險管理處的工安環保部。

工安環保部主要工作內容為推動公司裡的安全文化。每天進到公司，她會先用一杯拿鐵給自己一個活力的開始，並同時檢視公司網站資訊及內部溝通的e-mail重點文件，接著擬定今天須執行的重點工作。北兒的職務除了部門內的行政事務，還有工廠零工傷活動的

**PROFILE**

女性｜39歲｜已婚｜A型｜射手座

國立藝專廣播電視科｜年資8年｜年薪100萬

對生活充滿熱情，不願錯過任何令人感動的小細節。

企劃與文宣製作。她喜歡走動思考，倒杯茶水或處理行政事務往來途中都在思索。高科技廠房跟傳統工廠不同，除了化學品的使用，還有很多危險性操作及施工作業管制。工作危險的預防與改善是整個工廠要一起動員的大事，如何讓一大票的工作伙伴們在高科技工廠裡落實現場安全管理、建立安全文化，這正是北兒的任務，她負責撰寫電子報，繪製海報及設計網頁版面，彷彿又回到那段做行銷的日子。

從無塵衣管理、無塵室6S推行到工廠安全管理、零工傷活動策劃推行，不同階段的主管都讓北兒受益良多，從他們身上讓北兒學到，工作一定要有熱情！即使面對一件小事，也要有發自內心做到好的態度。在人性化的管理之下，公司就像個大家庭，而北兒也結交了一群知心的姊妹淘與一大票麻吉弟兄。每天中午一小時就是她和姐妹淘用餐，交換工作八卦、家庭事務及股市行情的時間。

在繁忙的工作之餘，北兒參加了公司的攝影社，在廠內某一條走廊上掛滿了攝影社員的作品，漫步其間彷彿來到攝影展。其他如咖啡廳、韻律教室、定期播放電影讓員工欣賞的會議廳；還有室內體育館、桌球室、健身房等等，下班後的公司可以見到許多同仁們盡情享受自己喜歡的休閒活動，這是在台北商業辦公大樓中所不可能見到的景象。

攝影和旅遊是北兒的興趣，行萬里路可探索世界的新奇與美好，以相片記下每個令自己感動的瞬間，即使再忙，北兒總是不會忘記用e-mail與朋友分享自己的心情。一旦認識北兒之後，署名「bell」——「北兒」的電子郵件便會常出現在信箱中。本週她會寄出柬埔

**什麼是「四班二輪」**

生產線為求時效，一天24小時不停地運作。在生產線上的工作分配是將一天24小時一分為二，一組人工作12小時，一天需要兩組人輪班，這便是「二輪」。兩組人輪班工作兩天後可休息兩天，這兩天裡就由另外兩組人接手工作，兩天後再換回原來那兩組人，因此生產線便由總計四組人輪流交接工作，此即「四班」。四班二輪是24小時生產線慣用的輪班模式，每工作兩天就能休息兩天，但一班就要工作12小時，時間相當長，竹科半導體工廠裡的線上作業員大多都是採用這種工作模式。

寨吳哥窟的照片，上週是一系列肉燥飯的烹調過程，到了下週也許是她的辦公桌與生活小插曲。每張照片都是北兒親手拍攝，再將想要告訴朋友的訊息逐字打上去，有時還會針對相關主題蒐集資料，以求完整介紹照片中的畫面。北兒寄來的信就像風鈴的聲音一般，初而明快，時而輕柔，低迴的餘韻繚繞心間，令人心曠神怡。北兒曾於三年前遊歷埃及，帶回了一系列的照片與日後長達一年的e-mail心情分享，將她一年來的感動匯集成冊，就成了大塊文化所出版的——《尼羅河e-mail》。

北兒相信人有潛能，只要願意踏出第一步，很多看似麻煩的事往往沒有想像中困難。以當初來竹科面試為例，主管要在四、五位應徵的小姐中錄用一名，北兒不像一般人只是靜靜地等通知，她多次主動打電話敦請那位主管儘速決定，也由於面試時對公司留下良好的印象，她主動告知主管願意配合工作上的任何需求，正因為這份積極，北兒得到了這份工作。

北兒對未來沒有具體規劃，因為：「天知道下一刻會有什麼驚奇發生！」。對北兒來說，只要做好心理準備，隨時都能迎接生命中的下一個可能。待在竹科八年了，不是沒能力再換跑道，而是感覺在這裡要學習的東西永無止境。對於經歷的一切，北兒感到很幸運，正如她在書裡寫道：『北兒堅信：人生可以隨時歸零。果然，在園區待了七年之後，找到很麻吉的另一半，原來緣份都在這裡！』

**北兒想給積極的你一些建議……**

1｜對主管要誠敬、對同事要誠信、對部屬要誠愛。2｜順著情勢處事，逆著個性做人。3｜積極正向思考，站在更高處看世界。4｜計畫趕不上變化，所以要做最好的準備，做最壞的打算。5｜機會永遠留給準備充份的人。

Quality
MBODIA
ANGKOR
BLACK
INK
Made in Italy for
PARKER
SUPER Quink
PERMANENT BLACK INK

她是個有聲音的人。北兒住在一個吵鬧的傳統市場樓上，書桌面對著落地玻璃，每天清晨四、五點，她隨著市場進貨的聲響一起醒來，她喜歡這種朝氣蓬勃的感覺。她的房子充滿了她從世界各地帶回的戰利品，錯落各處有趣的細節，連書桌底下都細心佈置了裝飾品。她的屋子裡處處隱藏著聲音與故事，而她就像一個充滿生氣又亂中有序的傳統市場。

# 簡光廷

## Jian Guang Ting

### 國防役研發工程師

輪班與否——不須輪班，但常加班　語言限制——英文，特別是閱讀能力　升遷指數——★☆☆☆☆

## 簡簡單單過生活

簡光廷在三年前以國防役身份進入竹科，目前在電子公司裡擔任研發工程師，主要是寫一些與手機產品相關的軟體。

研發是一份工時彈性的責任制工作，不過時間卻常常不夠用。簡光廷每天早上八點多就進公司，儘管不必打卡，也沒有人盯上下班時間，但時間到了就得交差，絲毫鬆懈不得。大部分的上班時間，簡光廷會坐在電腦前寫程式或是消化資訊。偶而進實驗室與負責硬體的人員一起進行測試，看看設計能否能正常運作，並與硬體設計人員交換意見。寫程式、研究資料、測試、開會……一天就這樣過去了，工作內容多樣又複雜，如果沒有將排定的工作完成，加班就在所難免。

別以為研發工程師不是對著電腦就是埋在機件堆裡不必與人接觸，其實研發工程師的溝通能力也很重要。研發或改良一項產品需要透過所有研發人員的合作才能達成，很少有研發工程師具備從頭到尾完成一項高科技產品的能力，愈精密複雜的設計愈需要團隊合作。簡光廷發現，在研發團隊中，「人」的問題往往比「事」或「物」的問題更需要溝通藝術。因為軟體程式是死的，只要輸入正確的程式語言就不會有錯誤的結果，就算有，也一定是可以按程式邏輯找出來的瑕疵。但與「人」相關的問題卻往往不是單方面就能處理好。兩個研發人員要整合彼此的設計成一整體，相互了解對方的問題與需求是不可避免的

**PROFILE**

男性｜28歲｜未婚｜A型｜獅子座

交通大學資訊工程系・所｜一年後退伍｜年薪50-100萬

等待於國防役期滿後展翅高飛。

程序，如果在溝通上缺乏技巧，或是態度上缺乏耐心，一旦掌握不到正確的資訊，就算投入再多時間也可能做出不能搭配的廢物；一個產品的設計規劃了不同的階段，如果上游的工作沒能在表定時間完成，下游的後續動作自然會被延誤。有時面對同一個問題，不同的工程師又有不同的看法，如何建立共識又成了新的問題。要如何面對各式各樣的人，既能兼顧彼此的需求又能一起完成任務，簡光廷覺得自己迄今還在學習。

對於一些工時正常的人，或許很難想像每天加班是什麼樣的滋味，然而簡光廷卻覺得沒什麼大不了，或許是因為生活比較單純，下班後的簡光廷沒有特別的事就直接回家，週末回台北陪陪家人或是女朋友，生活十分簡單。所謂：「無欲則剛」，沒有太多欲求的人往往比較能夠堅定自己的立場。簡光廷對於日常生活上面的欲望不多，規律而單純的作息為生活提供了一種秩序，既然不追求享受，自然也不會計較竹科的生活環境是否太單調。正因為單純，所以很能適應竹科的生活形態與工作文化，沒有太多的胡思亂想，因此不容易被情緒所困擾。

除了單純的生活之外，簡光廷還有另一項自我調節的妙方——「禪修」。自大學開始，他就加入了學校的禪學社，起初只是想看看禪學葫蘆裡究竟賣什麼藥，不過隨著接觸日深，他發覺禪修有很多好處。首先，禪修入門的功課是教人如何調節呼吸，正確的呼吸方式有助於提高身體對氧氣的吸收運用，進而改善人體的新陳代謝與體質，武俠小說中的內家高手們常常要靜坐調息以療傷培元或是修習內功，大抵便是這個原理。禪修者也透過

**什麼是「3G」**

現在常聽到所謂的「3G手機」，所謂的3G是3rd Generation的簡稱，指的是「第三代行動通訊系統」。早期的第一代（1G）行動通訊系統只有語音通訊的功能，很多人還看過以前那種又大又笨重的黑金剛大哥大。到了第二代（2G）行動通訊系統，文字簡訊的傳輸是最主要的新增強化功能。介於2G與3G之間，還有所謂的「2.5G」，它進步到能傳輸一些簡單的圖檔和音樂檔。目前行動通訊技術逐漸邁入3G的時代，加大的頻寬強化了傳輸速度，現在的行動電話不止可以講，還可以「看」，例如雙向視訊通話或看電視電影等功能都是3G技術所帶來的便利。

遵行方向

**如果想要擔任手機相關產品研發工作，你必須……**

**1**｜懂得IC設計程式語言。IC設計的程式語言都差不多，不過會因研發產品需具備的功能不一樣，而需要有相對應的專業知識來設計各種軟硬體。**2**｜現在的手機愈來愈重視多媒體方面的功能，因此最好多接觸數位訊號處理或多媒體方面相關的知識。**3**｜變化飛快是手機產品的重要特性，相較於其他研發標的，手機相關產品的研發工作在計畫時程上會更趕，要有隨時面對新挑戰的準備。

集中注意力於體內某個點以練習控制運行在身體裡的「氣」，在練習之際能提升修習者的專注力，對於簡光廷這類需要高度集中力的研發人員而言，這也是儲備工作能量的小祕方。此外，在禪定的過程中，人的身心都逐漸達到放鬆的狀態，對於沈澱心靈及抒解壓力也有相當的功效。簡光廷偶爾也會利用中午休息時間閉一下眼睛，運用禪定的技巧舒緩自己緊繃的身心，提振一天的工作效率。

能調適心態以面對工作的人不會有太多抱怨，善於釋放壓力的人便不容易感到疲憊。外界常常覺得竹科的工作量很大，但其實還是有不少竹科人以他們穩定的生活步調前進。他們共同的人格特質就是單純且善於承受壓力。每個人的方法也許不同，但總有屬於他們自己的「撇步」，也許在人群中不特別出眾，但自有其價值。

「呼吸很重要，」他幾乎沒有跟我們交談，只說了這句話，「吐不光，就吸不進去。」禪修最重要的學習就是呼吸，他在每一口的呼吸中，實踐自己的人生哲理。他自在的將鞋子脫掉，光著腳在地上走路。對他而言，呼吸不只是鼻孔的工作，看他光腳與泥土接觸，彷彿用身體的每一吋皮膚感受天地之氣。

# 廖為銘

Liao Wei Ming

**半導體生產線部門主管**

輪班與否——不值夜班，定期排假日班　語言限制——良好的英文能力　升遷指數——★☆☆☆☆

## 這是屬於我的生活脈動

從研究所畢業後就到竹科工作，廖為銘在竹科算起來已經有十年了。剛進公司那幾年，工作時間長得嚇人，一則對於新上手的工作經驗不足，另一方面，當年的半導體工業技術尚在起步階段，新引進的設備往往要摸索老半天，無法預期的麻煩層出不窮，廖為銘常與伙伴們在公司裡熬通宵解決工作上的問題。那時白天的正常上班時間通常必須用來各種應付突發狀況，當問題統統解決時，往往也接近傍晚，此時他才有空回過頭來處理例行公事。

還好現在竹科的半導體製造無論在技術與經驗上均逐漸趨於成熟，生產線的運作多已在控制範圍內，工作進度也能按照既定的流程運作，當廖為銘升任主管開始接觸管理工作，工時就不再像從前那麼長了，現在每天早上八點多進辦公室，中午就在公司用餐，偶爾也還能坐太太的車出去來個午餐約會。下午的例行公事原則上可以在六、七點左右結束，開二十分鐘的車回到竹北家中，接著便是家庭時間了。

看在底下的工程師眼中，正常上下班的生活很令人羨慕，但主管其實不好當，更何況在競爭激烈的高科技產業裡，年資長並不代表一定能夠「媳婦熬成婆」。特別是在一間有規模又具競爭力的公司裡，能力與表現才是升遷的關鍵。以前當工程師只需要把分配的工作完成即可，現在當了主管，眼光要更遠，視野要加寬，很多事情雖然不需要自己動手，

**PROFILE**

男性｜37歲｜已婚｜A型｜牡羊座

交通大學工業工程所｜年資11年｜年薪150萬

喜歡在家看書、聽音樂，最近加入公司的高爾夫球隊。

但取而代之的是一份責任，既管人也管事，工廠能有效發揮產能就天下太平，否則公司第一個就先找主管。這樣的壓力，不是每個人都有能力承擔。

廖為銘的太太藍藍與廖為銘在大學時就認識並交往，畢業後她曾經到越南工作了一段時間，之後返台進入竹科，在一間外商的子公司業務部門服務迄今。因業務接洽的需要，藍藍經常要當空中飛人，出國——返台——再出國，最高紀錄是一個月內連續三週在台灣與以色列、德國等國家往返。很多嚮往出國旅遊的人對這種生活形態一定感到很羨慕，但對健康狀況欠佳的藍藍而言，出遠門根本是件苦差事，因此除非是帶小朋友出國玩，否則夫妻兩人休假時極少考慮國外的行程。

自從家裡多了兩個小朋友之後，家庭的生活重心自然而然開始移往孩子身上。一會兒是小兒子要學鋼琴，三個小時後輪到姊姊。姊姊最近還考上了舞團，廖為銘與藍藍又有得忙了。

雖然要犧牲自己的時間，但「不要錯過孩子的童年」是夫妻兩人的堅持。早在藍藍到越南工作期間，廖為銘與藍藍就討論過家庭與親子關係的問題，達成的共識是家人一定要在一起，如果有一天夫妻間不管哪一方要出國工作，另一個人就要「當然隨行」，廖為銘與藍藍對另一半的重視由此可見一斑。將這股對家人的熱情繼續延伸，自然不會吝惜為了照顧孩子所必須的付出。以前廖為銘喜歡自己一個人看漫畫，現在他則常常抱著兒女，講漫畫給小朋友們聽，一大兩小對著一本《好小子》，不時笑成一團，親子間和樂融融令人

**什麼是「半導體」和「晶圓」**

導電性介於導體和絕緣體之間的物質就叫做「半導體」。各種半導體元件可以應用在電子工業、光學工業和能量系統上，更廣泛運用在電腦的晶片中。「晶圓」是製造半導體最重要的材料，其原料主要是二氧化矽。工程師會先將二氧化矽提煉並製作成不同大小的矽晶棒。而晶圓廠再將矽晶棒經過一連串加工製成製造半導體的材料——晶圓片。晶圓片再經過複雜的加工就可製造出數十乃至數百顆IC半導體。接著送到半導體封裝測試廠，經測試、切割和封裝後淘汰不良的產品，最後產出的一顆顆半導體才可以交給電腦、手機或主機板廠等不同的客戶用於生產各式產品。

廖為銘過著三代同堂的家庭生活，他們一家人與母親同住在由兩個雙併打通的公寓裡面，他的書房用很好的木頭打造，裡面擺了滿滿的漫畫書——這是很多男生的夢想，而廖為銘做到了。一講起漫畫，他整個人就活了起來。他不陪孩子做功課，他陪孩子看漫畫。在他的身上，我們看到一個屬於男人夢想的具體實現。

羨慕。

簡單而平穩，這是廖為銘的生活寫照，雖然沒有太多的驚喜與期待，卻能享受平淡與寧靜。家人與工作最重要，此外沒有太多需要牽腸掛肚的俗務。身為有配股階級的竹科人，廖為銘手頭上自然也有些股票，但相較於那些每天心情隨著指數坐雲霄飛車的投資人，他平日並不太留意這些股市資訊，他輕描淡寫地指出：「要用錢就賣股票囉，因為平常並不特別掛心股價，所以也不會曉得自己賣出去的價格是賺還是賠。」對他而言，生活其實沒有那麼多的學問。

如果把竹科比喻為一個銀河系，廖為銘就像當中的一顆行星，穩定而規律地繞著「家庭」這顆恆星進行公轉。他有自己的規律，同時也能配合環境的秩序。廖為銘愜意地融入了竹科的生活圈，面對這裡的一切，無論是工作文化、生活形態抑或是休閒生活的安排，他自有屬於他的應對模式。廖為銘只是竹科裡一個平凡的人，但他那宏亮而爽朗的笑聲，卻彷彿在向世界宣告：「他已經找到了屬於自己的生活脈動」。

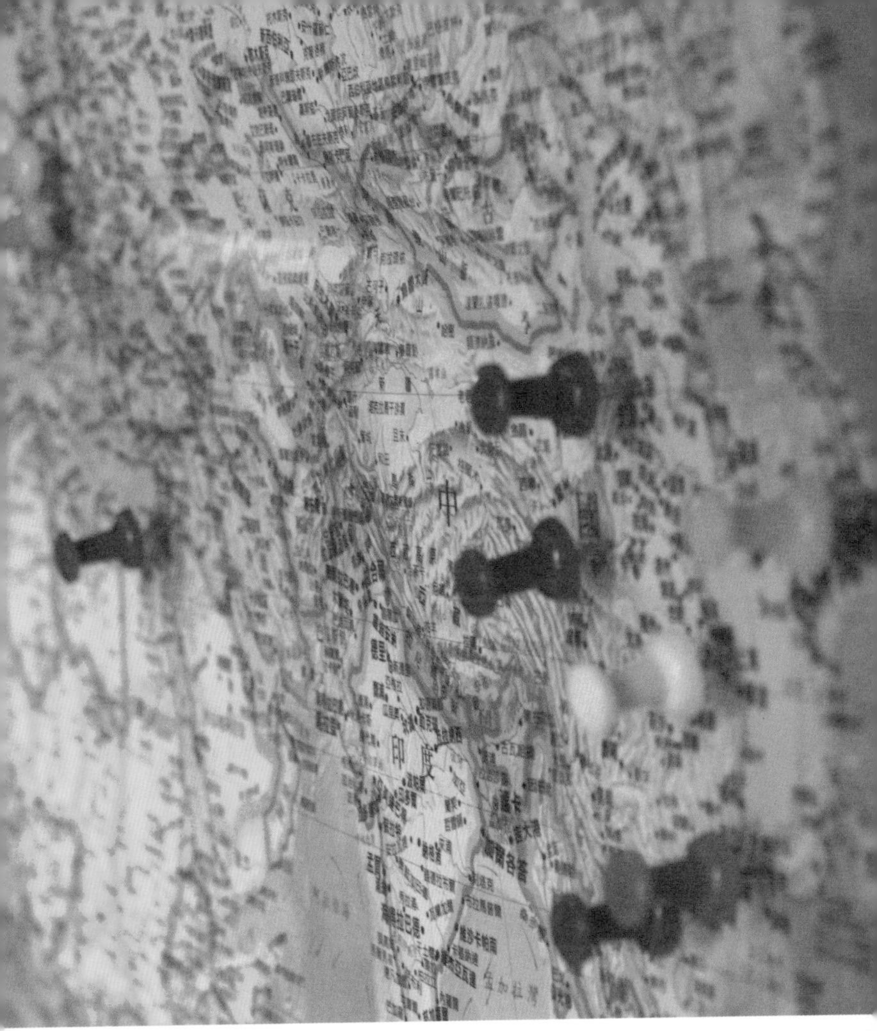

**如果想要擔任管理職，你必須……**

**1**｜因為連基層的工程師都至少有大學以上學歷，所以學歷愈高愈好。**2**｜主管要帶領底下的員工，不再只是把自己份內的事情做完就下班，因此得勤於培養良好的人際關係。**3**｜主管要有顧全大局的能力，而且具有前瞻性，因此要多了解公司整體的運作，不能只看局部。

# 唐世豪

Tang Shi Hao

## 電子研發工程師

輪班與否——責任制，不需輪班　語言限制——英語　升遷指數——★★☆☆☆

## 年輕就是要 Keep Walking

每個人都有自己的理想。前年自研究所畢業的唐世豪進入新竹科學園區還不到兩年，目前在一間頗具規模的公司裡擔任R&D工程師。

R&D的工作在於研發或改良產品，而產品必須能符合客戶的需求，因此了解客戶是這個工作的第一步，唯有正確地掌握客戶需求，之後才不至於做白工。

有了明確的目標之後，R&D的考驗才剛剛開始。唐世豪在公司裡設計的產品主要是光碟機及其相關配備，光碟機是電腦不可或缺的硬體設備，有著高度的市場需求，同時也面臨激烈的競爭，如何創造性能佳而問題少的產品是關鍵。為此，研發團隊內部常常需要召開工作會議，這個場合又和那些與客戶開會的情況不同。分配任務、查詢工作進度、交換意見以解決研發過程中的障礙，這一切都要在最短的時間內有效完成，因為研發產品是一項具有高度時效要求的工作。比競爭者早一步取得的成果就是黃金，相反地，如果腳步比別人慢，那怕只晚了一步，客戶恐怕已經跑光了。

除了與研發團隊之間的合作，唐世豪也要規劃自己的工作進度。從設計藍圖的構思到產品的測試都要自己努力。先要從無到有，接著要求好求精。為了找出設計上的瑕疵，也必須要做做實驗。此外，客戶也可能不時地關心產品的狀況，甚至臨時更改需求。有時一轉眼，十幾個小時就過去了。唐世豪就這樣不斷地和時間賽跑。

**PROFILE**

男性｜27歲｜未婚｜O型｜天蠍座

台灣大學機械系・所｜年資1.5年｜年薪100萬

希望自己能夠不斷地保持成長。

由單純的學生生涯邁入職場，唐世豪認為社會新鮮人由於入世未深，對環境的適應與心態的調整往往是進入職場早期所最先面臨到的問題。在大學期間，學校與老師排定了大部分的課程，學生只需要完成這些指定的課業，基本上是一個被動的角色，既簡易又單純；研究所期間，研究生必須獨立進行研究，教師充其量只從旁給予一些提點，學會安排自己的時間並為自己規劃研究進度是必要的課題；而進入職場後，所從事的不再只是純理論的研究，一舉一動都關乎績效與公司利益，許多工作有時效上的壓力，無法再像待在學校時那般隨心所欲。

由校園轉換到職場工作，這段過程中，唐世豪有時也會感到工作的內容與從前在學校期待的有所落差。因為學生的本分是「學習與研究」，但業界的目標是「量產」，許多時候還沒來得及把所有狀況搞清楚，第二天可能就要出貨了，而下一個任務又緊接著來報到。對於這種商業傾向的工作模式，唐世豪還在不斷地學習並進行自我調整。

為了做好一個稱職的竹科研發人，唐世豪認為研發人必然要有自己的夢想，除此之外，更必須具備堅持下去的勇氣。「人類因為有夢想而偉大」，夢想正是支撐唐世豪長時間工作的動力。實踐夢想的過程可能漫長而遙遠，為了讓自己能堅持下去，不斷地自我提昇與進修是必要的努力。就讀研究所期間，唐世豪曾與研究室的同學合寫過一本書，內容主要在介紹工程用的軟體。當時得到的報酬雖然不高，但唐世豪將之視為對專業能力的磨練。現在踏入了職場，儘管工作已經相當繁忙，唐世豪還是設法挪出空閒的時間學習日

### 什麼是R&D

R&D是Research and Development的縮寫，研究與發展，簡稱「研發」，有些人直接將之念做RD。簡言之，凡是與設計、改良產品相關的都算R&D的範圍，在竹科這樣一個高科技的工作環境裡，R&D是很重要的一群人。竹科的公司裡，生產線代表的是「製造」，製造些什麼產品？怎麼樣的產品才具有市場競爭力呢？這部分就有賴R&D工程師的努力。如果沒有好的設計，製造能力再強也不過是替公司增加一堆賣不出去的產品罷了，所以在一間以設計與銷售為主的高科技公司裡，R&D工程師往往是靈魂人物。因為他們是創造公司利基的重要資產，多半享有優厚的待遇，當然也伴隨相當程度的工作負擔。

The Best Short Works of
RICHARD P. FEYNMAN
THE PLEASURE OF
FINDING THINGS OUT

儘管是年薪百萬的竹科工程師，唐世豪卻一如大學生般的乾淨、簡單、樸素。他很尊重專業，願意做各種嘗試，態度謙虛。他背著背包、穿著輕便牛仔褲前來拍照，背包裡帶了幾本書，準備拍完之後搭火車南下時閱讀。每個假日他都會坐火車南下與就讀成大的女友碰面，坐著火車與客運南北往返。在他單純的生活中，高薪與忙碌帶來的一切雜念，都離他十分遙遠。

文，公司有極高比例的日本客戶，如果能說上幾句日文勢必對工作有相當的幫助。此外，閒暇時間唐世豪會看一些與工程、物理相關的專業書籍，以彌補從前所學的不足，進而提昇自己的專業能力。

唐世豪喜歡閱讀偵探小說，那些拼組蛛絲馬跡進而推理找出真相的過程相當有意思，喜歡邏輯推理的特質似乎與研發人追根究柢的傾向不謀而合，但唐世豪並不希望自己永遠做一個只會埋頭苦幹的研發機器。對唐世豪而言，專業上縱向的加深固然重要，不同領域的橫向視野開展也是未來努力的方向。相較於某些只喜歡埋首研究的典型研發人，唐世豪希望自己更能具備整合性的能力。如果空有橫向的開拓卻疏於發展專業上的能力，只會造就一個眼高手低的人；但是如果缺乏其他領域的知識而鎮日閉鎖在自己的象牙塔內，何嘗不是失去了更多機會？

一年半的資歷在R&D領域裡其實還算個新鮮人，儘管這個領域具體的目標很難界定，唐世豪傾向讓自己朝多元化發展，將來的路還很長，寬廣的世界永遠等待著逐夢人去開發，他的終極目標究竟在哪裡，現在或許還不那麼明確，但他很確定：「只要隨時都在進步就夠啦！」

**如果想要擔任研發工程師，你必須……**

**1**｜具有研究所以上學歷。**2**｜理科相關的學歷背景皆可，但在求職時要慎選與自己所學相關的研發領域，這部分可由公司的主力研發產品上做觀察。**3**｜研發工程師這份工作重視效率與實作經驗，不適合紙上談兵，能夠實際達成目標比光講理論重要。

# 婷婷

Ting Ting

## 半導體製程整合工程師

輪班與否——需配合輪值夜班及假日班　語言限制——英文　升遷指數——★★★☆☆

## 只管能力，非關男女

婷婷是高雄人，大學時代就來到新竹，目前在科學園區某半導體公司的生產線上擔任製程整合工程師，相對於專精於某個局部生產環節的「製程工程師」，製程整合工程師簡單來說就是在製造過程中必須兼顧整個生產線流程的角色，這就是婷婷的工作。

婷婷讀書時在理工方面的科目表現不錯，尤其對物理特別在行。由於父母都是老師，婷婷在聯考後也選填了師大物理系，原本希望日後當個物理老師，但因為覺得自己的分數似乎還可以填一些更高分的科系，所以順手填了清大材料系，就這樣陰錯陽差地一路走進了竹科。

婷婷表示，現在其實很慶幸沒有去當老師，因為老師必須很有耐心去處理每個學生的事，且要身教言教兼顧，是百年樹人的大業。相形之下，做個工程師接受任務並加以完成，她感覺更能得心應手。

住在竹科附近的婷婷每天早上七點半起床，八點半之前必須到達公司，簡單用過早餐之後就是忙碌的一天。由於生產線是二十四小時持續運作的，因此業務上的交接是每天工作重要的開始，掌握了生產線的最新狀況，婷婷就要開始這一天的工作了。

清華大學材料研究所畢業，又頂著高科技製造業女工程師的光環，每當其他人知道婷婷的學歷與目前從事的工作，隨之而來的便是一連串的讚嘆，但她自己倒不覺得有多特

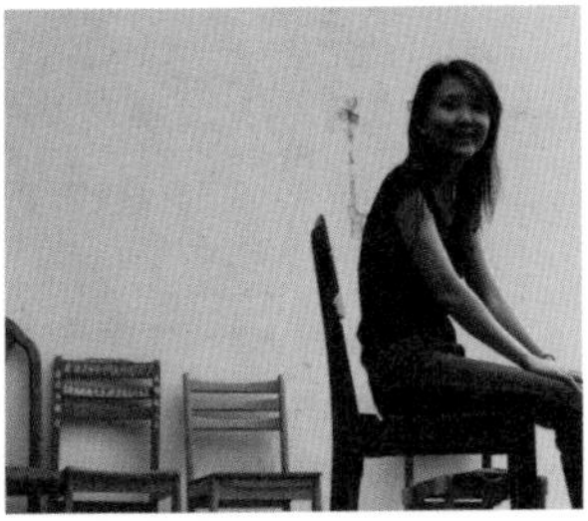

**PROFILE**

女性｜30歲｜未婚｜B型｜摩羯座

清華大學材料系・所｜入行6年｜年薪100萬

喜歡旅行、希望能遊遍全歐洲。

別。當初念大學時全班有四十多人，包含婷婷在內的女同學只有七個，雖然這種現象在這一兩年逐漸有改變，但「陽盛陰衰」常態依舊。

在婷婷剛進公司的初期，生產線每個部門幾乎都只有一位女性，經過幾年下來，女性依然是相對少數，在她任職十多人的小單位中，目前除了婷婷之外，也只有兩名女同事，三朵花在這種環境中自然格外引人注目。

儘管女性在高科技業工程師的領域裡是少數族群，但可別因此認為她們能享受到什麼特殊待遇。生產線是公司的經營命脈，生產效能與產品的良率直接決定了公司的競爭力與經營績效，管你是男是女，誰都沒有搞砸的權利。婷婷形容生產線就像一個戰鬥單位，二十四小時的生產流程必須時時維持順暢的運作，絲毫的差錯與延誤都可能造成生產停擺，一旦生產線出問題，便可能造成不可彌補的損失，因此婷婷的工作時時處在「即時反應，儘速解決」的緊張狀態中，主管與同事也不會因為婷婷是女孩子而給予特別的協助或寬容，一切只能靠自己。

剛進公司的第一年，婷婷跟一般的新人一樣，通常會被分配到一些例行性的任務，工作性質雖然較為單純，但絲毫延誤不得。當問題出現時，解決或許並不難，但相當花時間。上班時間固然要全力以赴，即使下了班也必須隨時待命，在這一行裡面，每個工程師都不免祈禱自己負責的部分在休假的時候不會出問題，一旦狀況發生，那怕天涯海角也會被call到。比如有一次婷婷正在爬山，卻接到公司打來的電話，請她回公司處理問題，儘

那天我們臨時敲定了拍攝的時間地點，她沒有多加準備，就開著標緻黑色天窗小跑車到了拍攝現場。我們請她拍了許多奇怪的畫面——比如請她躺在人行道中央——她都感到很有趣，既不畏懼鏡頭，也沒有任何禁忌。

### 什麼是製程整合工程師

「製程」即是「製造過程」的簡稱，也就是生產上，原料經過加工製造轉變為成品的過程。生產線經過專業分工，可以再劃分成很多精細的環節，每個生產環節就是一個「製程」，每個製程也都有專門負責的「製程工程師」，至於「製程整合工程師」就是不單隸屬於某個製程，而是負責整合不同階段製程的生產角色。以往的生產流程較為簡單，通常是循著「開發－生產－品管－出貨」的流程來進行，但現代的高科技產業，一個產品的生成往往需要經過成千上萬個流程，而每個流程之間又環環相扣，絲毫不能出錯，因此製程整合工程師對於工廠運作而言相當重要。

管她人身在山上，也不得不立刻下山儘速趕回工作崗位。簡單的小問題或許還可以委託現場的同事處理，但若是較為複雜的狀況，一來不願增加同事的負擔，再者，自己負責的部分自己最清楚，唯有自己回公司解決才能保證後續不會衍生其他問題。休假應該是個讓人輕鬆的時刻，但工作上的壓力卻使她的精神有如二十四小時便利商店一般全年無休。每天在公司最快也要忙到七點多才能下班。全身緊繃時還沒什麼感覺，回到家鬆了口氣，洗個澡再整理一下，也差不多該上床睡覺了。想到昨天就是這樣過的，明天也會跟今天一樣，後天也不會有不同。工作上的壓迫感在夜闌人靜時反而襲上心頭。

一路走來，酸甜苦辣的滋味陪著婷婷度過了一千多個日子，隨著經驗的增加與責任性質的轉換，婷婷在工作上也逐漸駕輕就熟，不知不覺中，那一段艱難的時光已成為往事。在竹科裡，像婷婷這樣獨立自主的女孩子愈來愈多了。工作本來就不分男女，只要有能力，自己的路自己選擇。

**如果想要擔任工程師，你必須……**

**1**｜要有理工相關領域的學歷背景，如果偏離太遠，不管怎麼加修學分，都很難進入這個行業。**2**｜要做好長時間工作的心理準備。**3**｜每一種工程師所需要的專業知能不同，但是因為工程師的工作內容是發現並解決問題，因此要有在第一時間處理問題的積極態度。

# 小洋

**Shiao Yang**

## HR部門主管

輪班與否——屬責任制，不須輪班　語言限制——無　升遷指數——★★★☆☆

## 對人關心，對事細心

小洋曾經在工業技術研究院的人事部門待過一段時間，後來由於在竹科工作的工研院老同事提出邀請，於是她踏進了新竹科學園區，算算日子已有十年了。

有別於竹科廣為人知的高科技研發及製造工作，為了要多了解公司內的人與事，小洋笑稱自己每天一到公司就要先蒐集八卦。一個員工從應徵到入選進入公司，之後敘薪、安排職務到定期的績效考核，甚至一年裡有幾天假之類的問題，全部都與HR的業務相關。身為公司的HR主管，小洋對公司裡的每一位員工都瞭如指掌。

由於需要密切地與人相處、互動，小洋在上班時間會花很多時間與公司同仁接觸，以適切地掌握公司裡頭的人與事。至於例行性的書面公事以及可獨立完成的Paper Work，就留待大部分同事都下班後再來處理。由於她經常主動關心公司的同仁，親切而熱心的特質換來了極好的人緣，也交到許多好朋友，這些發自內心對人際關係的經營往往能回饋在她的工作成效上，但也無形中拉長了工作時間。不過小洋認為在競爭激烈的竹科企業裡，會忙才代表著這個人有價值，而她很以自己的努力與負責為榮。

小洋的先生在竹科從事研發工作，夫妻倆都是長時間工作的忙碌竹科人，唯一的寶貝女兒原本與爺爺奶奶一起住在南部。在培養親子關係的考量下，雖然明知是一場硬仗，夫妻倆仍然決定將孩子接來同住。

**PROFILE**

女性｜37歲｜已婚｜O型｜雙子座

美國密西根州SVSU企管研究所｜資歷10年｜年薪100萬

喜歡旅行、遊山玩水和享受美食。

孩子剛到新竹時，由於不適應環境，根本就離不開父母，每當夫妻倆要去上班時，孩子不停的哭鬧聲讓爸媽既無奈又心疼。小洋因此不得不離開工作崗位，留在家做個全職的家庭主婦，陪小孩度過這段時期，直到孩子適應了新家之後，小洋才重回職場繼續從事HR工作。

還好現在一切都步上軌道，小洋表示孩子現在十分貼心，還可以反過來照顧她，早上會叫她起床，連牙刷、洗臉水都準備好了，讓她充分感受到之前的辛勤是值得的。

儘管工作佔用了生活中大部分的時間，小洋對休閒活動卻毫不馬虎。她平常喜歡逛街、喝咖啡與吃美食，只要新竹哪兒有餐廳新開幕的廣告，一週內保證馬上可以看到她去報到，也因此她常常覺得自己應該減肥。不過最近一次健康檢查顯示身體狀況良好，於是她又得意地宣稱自己的Quota還很多，如果問她三餐會不會正常吃，通常在一陣爽朗的笑聲之後會聽到：「應該還可以吃很多吧」。開朗的個性不時帶點幽默，這也是她身為HR人的人格特質。

除了工作之外，小洋利用閒暇時間參與了科學工業園區管理局（簡稱科管局）志願服務工作隊，這是個在園區從事公益服務的組織。小洋曾擔任過園區志工隊的隊長，迄今已為竹科人辦過許多次未婚聯誼及家庭親子知性的活動。小洋本身還具有諮商輔導員的合格證書，目前她在工作之餘也從事義務性質的線上諮詢服務，在諮詢的過程中，她遇到了許多個案，也令她更加了解現在的年輕人在生活、感情及課業壓力上的種種問題。她希望未

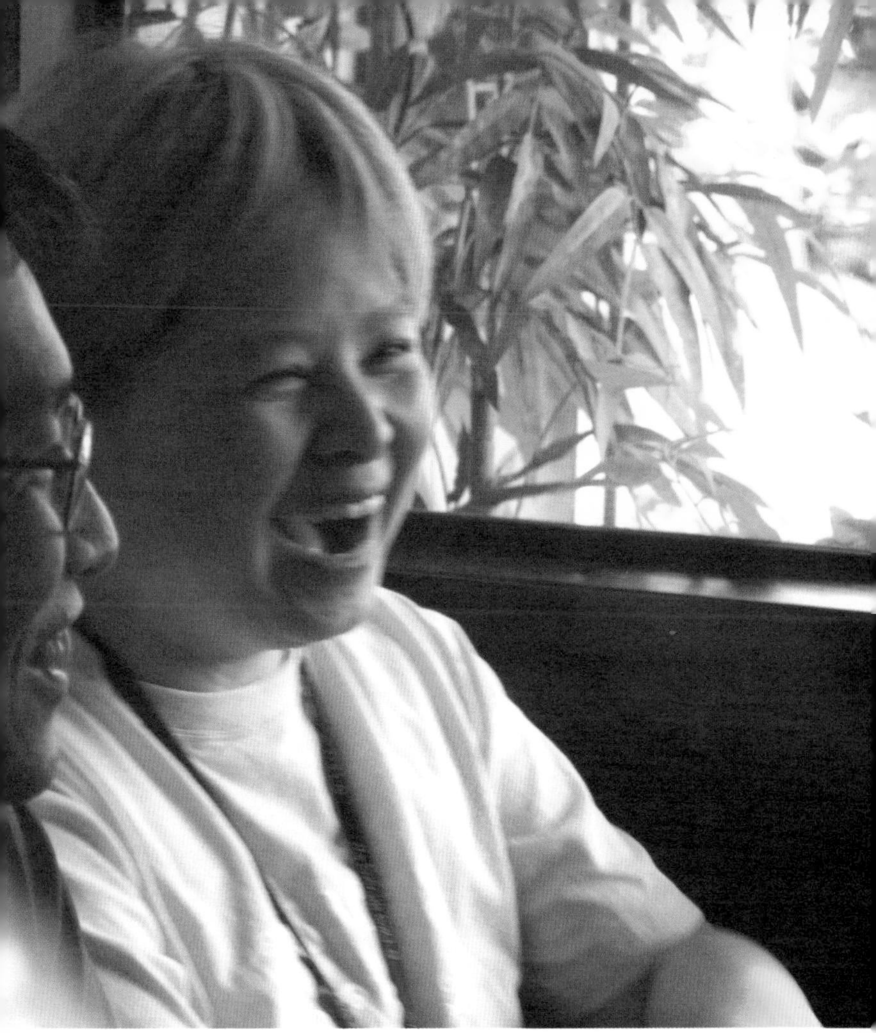

### 什麼是HR

HR是Human Resource的簡稱，翻成中文就是一般聽到的「人力資源」。人力資源領域的相關概念還不少，例如HRM（Human Resource Management）人力資源管理、HRD（Human Resource Development）人力資源發展、HRP（Human Resource Planning）人力資源規劃及HRIS（Human Resource Information System）人力資源資訊系統。由上述分類可約略窺知，在一間公司內，舉凡人員的招募、訓練、職務分配到薪資核定及差勤的控管等等都與HR有關，也就是傳統所謂「人事」的業務範圍。公司的運作需要足夠而合適的人員，而每個人需要被分配最適當的職務。如何達到「人盡其才，適才適所」的目標，是HR部門對公司的重要功能。

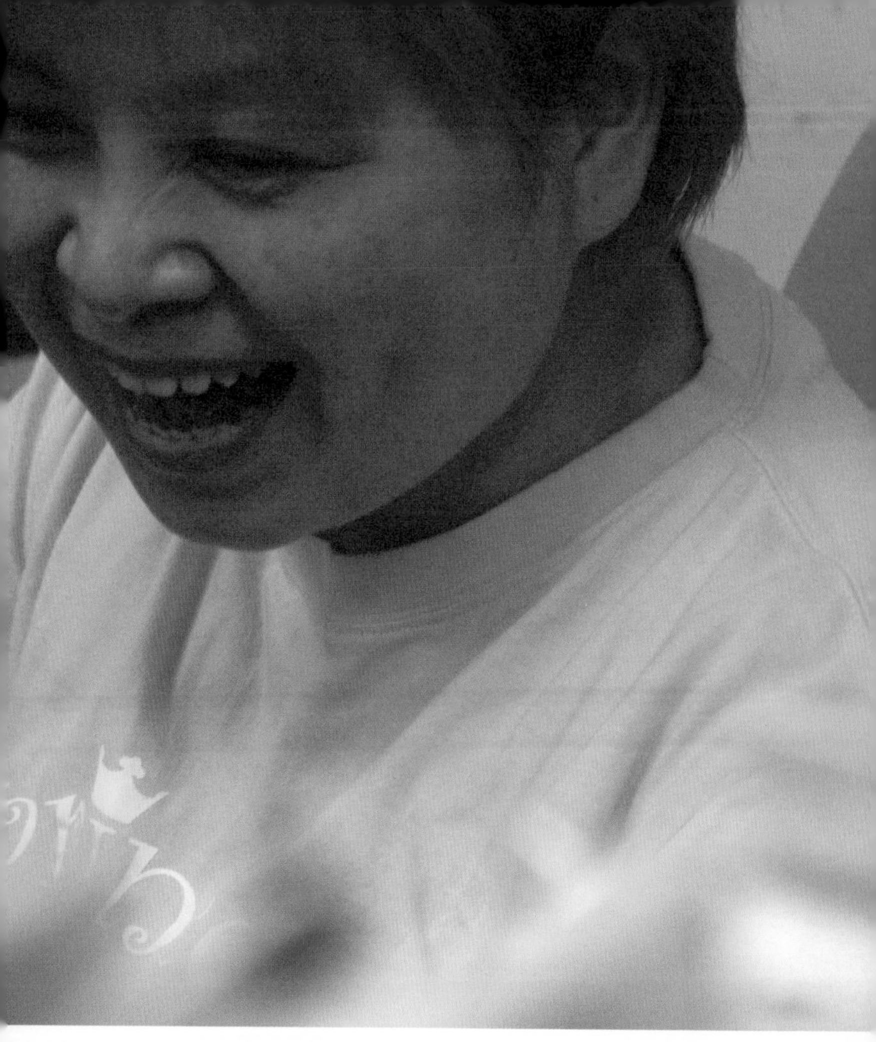

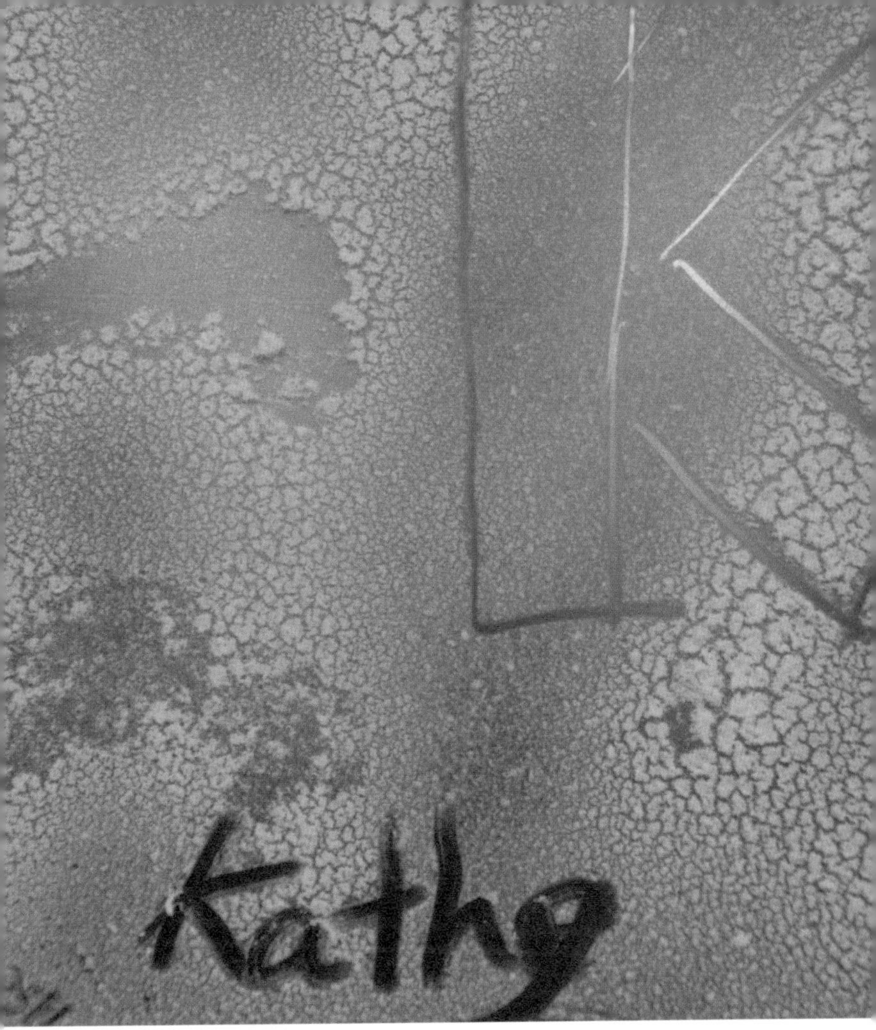


**如果想要從事HR工作，你必須……**

**1**｜文科或管理相關領域的學歷背景較適合人力資源的工作。**2**｜由於HR工作涉及相當多人事章程的管理與執行，因此對人事相關法規必須有所涉獵。**3**｜由於HR工作就是與人接觸，因此最好有外向開朗的個性，喜歡獨來獨往或者面對人群會緊張的人將無法樂在HR工作。

來志工隊能繼續提升功能以服務廣大科學園區的工作夥伴們，這也正是科管局目前努力的重點。然而諮詢與輔導方面的功能目前仍在努力中，畢竟這一環需要有更多具備相關專業能力的人員加入方能成事。

樂在工作享受人生的小洋身上散發著十足的青春氣息。面對未來，她希望從業界退休之後能投入公益的行列，提供一些輔導及諮詢方面的服務，以期為社會多盡一點心力。很多人會覺得，竹科人的工作已經很忙了，還要抽空做公益服務，真是辛苦。但小洋卻覺得自己平時受到大家許多照顧，所以希望有機會能回饋大家。正是這一份無私奉獻的熱情，讓小洋無論在工作或生活上都感到相當滿足，這份熱情也許便是她永保青春的祕密吧！

身為公司人力資源部門主管，她很擔心工作同仁悶透，所以她用正面積極的方式打破沈悶，她平日在工作之外會幫同事辦各式聯誼，而她的桌上也隨時擺滿各色玩具，彷彿要藉此提醒自己以身作則，將色彩與活力帶給周遭的同仁。

# 張斯揚

## Zhang Si Yang

### MIS工程師

輪班與否——不須輪班　語言限制——英文讀、寫能力佳　升遷指數——★★★☆☆

## 找尋屬於自己的座標

「你的大學成績這麼差，你憑什麼認為你有資格念研究所？」這是張斯揚在他的研究所入學口試時，教授所提出的第一個問題。

台大資管系畢業的張斯揚在大三之前完全不曉得什麼叫「All Pass」，每學期總是會有一、兩科被當，但他很清楚自己學到了些什麼，不足之處為何。所以儘管教授似乎不滿意他的大學成績，但終究還是讓他順利升上了台大資管所。兩年後資管所畢業，張斯揚進入竹科一間規模中等的科技公司擔任MIS工程師，正式成為竹科人。

MIS工程師的生活充滿了忙碌與挑戰。以一個平常的工作天為例，張斯揚早上八點半進到辦公室，桌上壓著一張紙條，會計部的林小姐說帳務系統好像有點問題，請他抽空撥個電話過去。打開電腦先收個信，發現會計部除了林小姐之外，其他人也遇到了類似的麻煩，如果這兩天帳務系統的問題不趕快解決，這個月恐怕會有人領不到薪水囉！不過，早上的當務之急是進行公司的網頁維護，高科技公司就是要能隨時呈現最新的資訊，網頁未能即時更新就像人沒有洗臉一樣，可是MIS工程師的失職。

接下來是ERP程式修改、工作站與伺服器的維護，MIS工程師的上班時間大概都在與電腦為伍，任何與電腦相關的資訊系統一旦出現損壞或故障，都要靠MIS人員修復。可別以為對著螢幕敲敲鍵盤很簡單，從找出問題、嘗試修正、測試、再修正、再測試……有

**PROFILE**

男性｜27歲｜未婚｜B型｜摩羯座

台灣大學資訊管理系・所｜年資3年｜年薪約80萬

樂於學習，期許自己能成為團體中的菁英。

時花上一整天也未必搞得定。

像這一天，張斯揚看了一下工作進度，根據上半年的工作計畫，預計從下週開始，公司各部門的電腦硬體設備要陸續進行更換，由於在上班時間更換硬體會耽誤到同仁的工作進度，看來又得連加好幾個晚上的班了。忙了大半天，肚子有點餓了，去買個雞排填飽肚子。公司為大家設置了一個資訊交流平台做為溝通之用，只要發個mail通知公司的人自己有事外出，大約何時會回來之類的訊息，就可以出去了，關於這種內部網路的建置與維護，這也是屬於MIS工程師的工作範圍。

張斯揚的公司在經營標的上以IC的研發及銷售為主，「責任制」是通行的管理模式。所謂責任制，簡單來說就是以工作任務完成與否做為管理員工的最高目標，事情早做完就早下班，做不完自己想辦法，原則上屬於較為彈性的工作約束，公司也不會主動要求或暗示員工做經常性的加班，一旦要加班多是基於完成責任的自發性動機，所以不太會有加班費。也許是因為海外歸國的主管在管理上比較人性化，公司主管們都很重視員工的休閒時間，不太會要求超時工作。公司裡除了行政人員之外，所有的工程師都能彈性安排自己的工作時間與進度。不過責任制也有一些隱藏的缺點。「當你完成工作覺得應該可以下班時，如果看到主管或許多同事還沒下班，你好意思先走嗎？所以最後往往形成準時上班卻無法正常下班的現象。」有一利就有一弊，張斯揚指出了「責任制」在大多數公司裡的真相。

**什麼是MIS**

MIS是英文Management Information Systems的縮寫，中文可譯為「管理資訊系統」。由於這個職務掌管的是抽象的「資訊」，因此可說這是一個在資訊時代裡才有的概念。電腦系統在今天已廣泛地被應用在組織管理上，一間公司往往會使用電腦系統建立資料庫，從而蒐集、處理並管理大量的資訊。MIS是公司裡負責建置、維護及管理資料庫，進而使資料庫能在公司中發揮適當功用的一套運作模式，而負責的人員也往往以MIS做為代稱。有時MIS工程師除了負責網路設定、系統維護及資料庫建置暨更新等工作之外，還會兼任一些簡單的硬體採買工作，可說範圍相當廣泛。

股票是竹科人待遇結構中最重要的一個變數。竹科人的固定薪資未必很高，辛苦了一整年，分紅配股時才是收入的關鍵。然而配股所帶來的實際收益並不穩定，往往會受到很多其他因素影響，例如公司營運不佳時，就沒有紅利可以分給大家；有些人因年資太短，配股乘上某個百分比之後，因為沒有辦法配半張股票給員工，不足一張的股票會被自動捨去；至於股價的高低更是直接決定員工分到的是「雞蛋水餃」（股價就像雞蛋水餃那般便宜）還是「金元寶」。

在待遇之外，對於MIS這個工作領域，張斯揚還有更關注的焦點。

姑且借用我們常聽到的「80／20法則」，張斯揚覺得公司裡80％的紅利往往由20％的人獲得，這20％是哪些人呢？不外乎主管、研發人員以及優秀的業務人員，理由很簡單，私人企業最重要的目標是將本求利，能夠為公司創造最大價值的人便是MVP。在一間以研發為重的公司裡，實際收益的關鍵必然在於研發上的創意暨執行以及有效的管理，因此那20％的核心成員其實便是創造80％紅利的主要功臣。在過去高科技產業起飛的那段黃金時期，經營一間科技公司很容易獲利，股價競相上揚，正所謂：「一人得道，雞犬升天。」於是才有「百萬年薪工友」這類的傳奇，也使得一般人對竹科的工作機會趨之若鶩，然而今日已不同於往昔，張斯揚開始思考自己在公司裡的定位。

MIS常接觸的工作內容例如網路設定、系統維護及資料庫建置暨更新等等，完成之後其實就擺在那兒，只要不出問題，MIS人員在工作上的被需要性其實並不高。基於這樣的

為了豐富生活，張斯揚樂於讓自己做許多不同的嘗試。他帶了各式各樣的衣服讓我們試裝拍照、他的車子裡頭有各式各樣的娃娃、他的皮夾中有各式各樣不同的會員卡。他樂於結識新朋友，也盡力在工作之餘從事各種不同的休閒活動。就像他受過的專業訓練，他相信「做過才知道自己對不對」，如果不敢嘗試，就沒有進步的可能。這是一個體驗型的人，凡事走過、留下足跡，這才算數。

考量，張斯揚覺得自己並不容易成為那20％。

因此儘管MIS的工作已可已駕輕就熟，但在一間以IC設計為重點的公司裡，轉向研發工作是張斯揚的目標。在主管的支持下，目前他轉調往公司的研發部門從事數位 IC 設計，這也是以程式接觸為主的工作，不過也有涉獵 IC 設計的部份。對於資管系所這樣的學歷背景，目前的工作性質是一個新的挑戰。不過由於在資管領域已接受過紮實的程式相關訓練，因此現在即使要面對一些先前沒有接觸過的程式語言，他也能很快地上手。朝研發工程師的方向發展是張斯揚未來的目標，除了現在的 IC 設計，未來也可能會去學習嵌入式系統設計。為了成為最有價值的20％菁英份子，張斯揚已經邁步向前走。

**如果想要擔任MIS工程師，你必須……**

**1**｜要熟悉ERP系統及電腦常見問題處理。ERP 是Enterprise Resource Planning的縮寫，即所謂的「企業資源規劃」。**2**｜要在團體中有良好的人際互動，因為ERP系統與電腦畢竟是由人來使用，正確掌握使用者的問題才是關鍵。**3**｜由於這個領域較為廣泛，所以多懂一些軟硬體方面的知識，對於日後解決工作上面的問題很有幫助。

# 林蔭宇

Lin Yin Yu

## 程式設計師

輪班與否——責任制，不需輪班　語言限制——無　升遷指數——★★☆☆☆

## 新奇有趣過生活

數學系畢業的林蔭宇原本並沒有資訊方面的專長，畢業之後曾經在高職裡當過一年的數學老師，離開學校之後，有鑑於資訊產業發展機會較多，因此她報名參加了一套全程二十四小時一對一進行的資訊課程，由於清大有很多學長都在竹科工作，林蔭宇很容易在這個區域找到求職的相關資訊，就這樣帶著剛出爐的資訊技能，林蔭宇進入了竹科資訊工作的行列。

踏進竹科的第六個年頭，目前林蔭宇主要的工作內容在於資料庫方面的程式設計，專長抓Bug。如果問她寫程式難不難，她會告訴你自己在學寫程式前連「檔案總管」怎麼用都不會，甚至叫她開機都是件麻煩事兒，連像她這樣不是科班出身的人現在都能成為優秀的工程師，可見「難」與「易」的分別只在於「學習」。

從數學老師到程式設計師，數理邏輯是相同的基礎知識，不同之處在於老師面對的是人，說的是國語。而程式設計面對的是電腦，使用的是程式語言，林蔭宇在工作上面臨了相當大的轉變。林蔭宇覺得當老師最難的地方在於要了解不同學生的問題所在，每個學生可能各需要一套不同的相處模式。至於生活教育的學問就更大了，「人」的多樣性與複雜性遠勝於電腦，而陶冶學生的品行與價值觀更是沒有一定標準流程的艱難工作。至於程式設計面對的是一板一眼的電腦，花時間把程式寫出來就達成了目的。以林蔭宇最常做的

**PROFILE**

女性｜31歲｜已婚｜B型｜牡羊座

清華大學數學系｜年資6年｜年薪100萬

最大的嗜好就是陪家裡那兩個可愛的小朋友。

de-bug來說，當程式的執行發生異常時，設法由異常的徵狀判斷程式的瑕疵所在，嘗試修改程式設定並測試，直到找出問題並做出最適當的修正，一切作業多半有既定的流程，差別可能只是有經驗的人速度會快些。

外向的個性中帶著一些熱情，嬌小的個頭搭配幾分稚氣，善良而開朗的林蔭宇很難讓人聯想到她已經是兩個孩子的媽了，至於林蔭宇的先生程程則是在竹科一間科技公司從事軟體研發工作。林蔭宇與程程在大學中的社團結識，這對夫妻是旁人眼中天造地設的一對，林蔭宇的迷糊在程程的眼中是可愛的單純，而程程的內斂也絲毫沒有讓林蔭宇忽視他的成熟和穩重，凡認識他們的友人都會有一種感覺——很難再為雙方找到一個更契合的伴侶了。

同樣從事資訊方面的工作，林蔭宇與程程卻有著不同的生活步調。外向的林蔭宇喜歡與人聊天，出國旅遊更是令她雀躍的規劃，每年的假期總是如數用完還嫌不夠用。至於程程則正好相反，額外的假期通常還給公司，甚至連週休二日這類一般假期也經常進公司報到，因此林蔭宇雖然曾多次出國遊歷，但包含蜜月旅行在內卻只有兩次由程程作陪。

工作與生活規劃上的不同，使得林蔭宇認為老公比自己更像一個典型的竹科人。程程總是很認真地工作，可以承受長時間而連續的辛勞，就算天天加班也不喊累，而且可以穩定地待在這個環境中。程程在竹科從未換過工作，就連在投資上也總是購買自己公司的股票。不過好的員工也要在適合的公司才能有所發揮，如果沒有慎選適合自己發展的公司，

**竹科游牧民族的行動指標**

大草原上的民族必須到處找尋水草以放牧牲口，這種「逐水草而居」的生活型態稱為「游牧」。竹科裡也有部分的人，股票就是他們的水草，他們的工作生涯彷彿就是一場「逐股票而居」的過程，有如竹科裡的游牧民族。配股分紅向來讓一般人流口水，但未必每間竹科的公司都能提供令人滿意的配股待遇，不賺錢的公司就無紅利可分。至於怎麼找到這些理想的目標，眼光與運氣都很重要。一旦找錯目標，便會有如在沙漠中看到的海市蜃樓一般，到頭來只是一場空，非但無法獲得超額回收，反而不斷地反覆流失了從工作環境中累積出來的資歷。

林蔭宇家真讓人吃驚。進門之後你會看到一座木製個人用露出頭的蒸汽浴箱、一個可容納兩人的圓形檜木浴桶、一棟可容納四個人搬小板凳坐進去的玩具房……以及滿屋子的玩具。她跟她的先生都是竹科工程師，可是卻有著同樣的童心。我們不禁懷疑，這對生了一雙女兒的可愛夫妻，或許所有的玩具都是買給自己玩的，他們才是真正的小孩。

又或是眼高手低沒定性，一則是浪費時間，另外也是浪費資歷。

不讓長時間的工作束縛自己，自然也不會為身外之物頻頻奔波。林蔭宇對生活的座右銘是只有兩個字——有趣，例如造型特殊的擺飾，標榜新奇功能的家用品，Menu上的新奇菜式，只要覺得有趣，她從不吝於嘗試，所以林蔭宇表示自己家中放置了許多奇奇怪怪的東西，統統都是她好奇心驅使下的成果。就連當年跟程程的婚禮都像是一場有趣的遊戲，參加林蔭宇的婚禮在席間還可以摸彩，這種絕妙又可愛的Idea只怕一般人很難想得到！

雙薪家庭不可避免要面臨孩子的照顧問題，單是兩個小朋友的保姆費用一個月就要四萬元，加上全家生活及孩子日後的教育開銷，年輕的小倆口勢必要面對許多現實壓力，但林蔭宇對此永遠以輕鬆的態度面對。剛結婚的前兩年，林蔭宇還常常上台北找朋友，那怕只是吃個飯、打打牌也樂此不疲，但自從兩個小朋友相繼加入生活之後，林蔭宇似乎找到了新的樂趣，帶小孩已經成為她目前最大的挑戰與嗜好了。

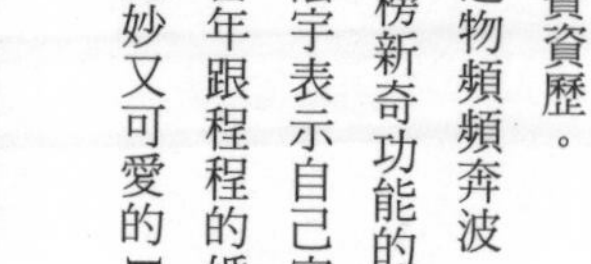

**如果想要擔任程式設計師，你必須……**

**1**｜具備邏輯與抽象思考能力是寫程式所需具備的關鍵特質，因為跟電腦溝通需要的是嚴謹的程式語言與合乎邏輯的思考模式。**2**｜C語言、Java 及 C⁺⁺是必備的程式語言，懂愈多愈好。**3**｜寫得出程式是一回事，至於寫出來的程式是否容易維護又是另一回事，這方面很需要實務上的經驗作後盾，如果在學生時期就能常練習最理想。

# 林其儁

Lin Chi Chun

## 韌體程式設計師

輪班與否——彈性工作，責任制　語言限制——具備英文閱讀及溝通能力　升遷指數——★★★☆☆

## 走自己的路

喜歡打電動的林其儁從小就希望有朝一日能夠親手設計一套電玩，這似乎從此註定了他終有一天要邁向資訊之路，雖然中間充滿波折。當年林其儁的父母並不知道讀資訊與電腦有什麼出路，南部的資訊與工作機會較少，林其儁的親友們認為只要考上醫學院，將來一輩子衣食無虞，因此如果功課夠好，除了報考醫學院之外，其他都不用考慮。對於一向成績優異的林其儁而言，考上醫學院並非難事，但考上醫學院之後，才是一連串挫折的開始。

唸醫學院的第一年，課程大多是不分領域的共同科目，林其儁還未感受到自己個性與學醫格格不入。升上大二之後，醫學院的學生開始到醫院上課，在醫院看盡冷冰冰的生離死別，這種氣息令他很不舒服。濟世救人的理想或是開業賺大錢的目標，也許都足以支撐大部分醫學院學生在冰冷的醫院中度過寶貴的青春歲月，然而林其儁在這條路上還有另一個更嚴苛的考驗。

林其儁幼年時由於不明原因，導致聽力嚴重受損，即使戴著助聽器，平日與人溝通時已頗感吃力。上了醫學院之後，重聽的問題更讓他上課時吃盡苦頭。不單在聽課時事倍功半，課後與同學之間的討論也困難重重。此外，聽力上的困難未來勢必會影響與病人之間的互動，倘若因此而造成診斷上的疏失，後果可不是開玩笑的。雖然也有某些領域可專務

**PROFILE**

男性｜30歲｜未婚｜A型｜處女座

台灣大學電機所・電機資管雙學士｜年資4年｜年薪150萬

喜歡打電動玩具以及上網聊天。

研究而不需與病人接觸，然而他對醫療研究工作實在缺乏興趣，有好長一段時間，他就在理想與現實的衝擊下隨波逐流，直到某一位教授嚴正而懇切提醒他好好想一想自己究竟適不適合這條路，他才開始正視轉換跑道的必要性。

想重新出發就要先過親友這一關。林其僑鼓起勇氣向父母表達了自己的意見，想當然受到強烈的反對，此外爸媽還動員了一堆熱心的親友們，嘗試說服他：「你那麼優秀，沒有問題的啦」；「就再撐個幾年嘛，當上醫生之後就沒問題了」；「好不容易才考上醫科，哪有人又要放棄的，好多人想考都考不上ㄟ」……諸如此類如潮水般湧來的「善意」實在威力不小，林其僑不得已只能另謀他法。

大二下學期，林其僑使出絕招，第一步是在重要必修科目中缺考，少了重要的學分，延畢頓成事實，他先說服父母讓自己休學準備重考，半年後林其僑到台大電機系報到。基於興趣，他就讀大二時加修資管系，日後直升台大電機所。在研究所畢業口試後兩天就到竹科的科技公司報到，硬是把自己的人生轉回了自己想要的方向。

然而不管怎麼轉換跑道，重聽的問題一直存在。林其僑目前任職於科技公司的研發部門，設計DVD錄放影機的韌體程式。每個研發人員雖然各有負責的領域，但最後畢竟要整合成系統。有時各自的設計都沒問題，但組合起來就是不對勁（例如畫面上無端出現馬賽克），因此研發團隊常常需要充分協調以找出問題所在，而林其僑的聽力問題在這部分自然造成了相當的影響。首先是團體開會時他對聲音訊息的接收力較低，往往在會後還要

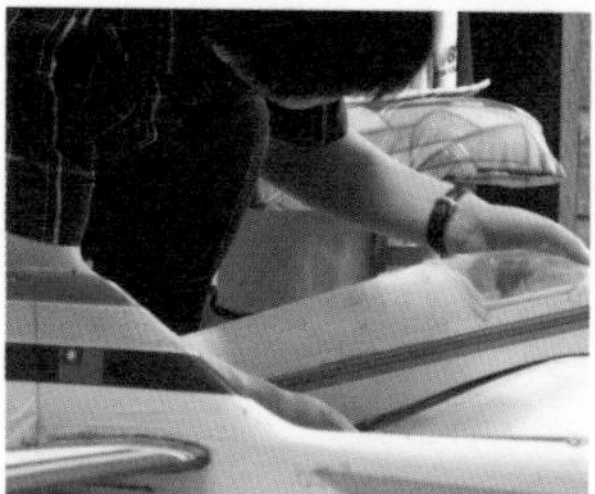

**什麼是韌體**

韌體（firmware）是軟體的一種特殊形式，它是一種記錄硬體相關規格資料或一些運算的程式，以軟體的形式存放於硬體的記憶體中，有人說他介於軟體與硬體之間，可以說是具有程式碼的硬體。將程式碼與資料燒在唯讀記憶體上就成「韌體」，其主要功能在於驅動硬體。韌體並非安裝於電腦作業系統（如 Windows & DOS）之下的常駐驅動程式。韌體的升級有助於改善相容性與性能，但須透過電腦去執行某一特定程式，將韌體寫入硬體上的快閃記憶體中。韌體為決定硬體效能的重要因素。韌體程式一旦出問題，硬體的效能自然會大受影響。

CURARE

**如果想要擔任韌體程式設計師，你必須……**

**1**｜韌體程式也是程式，所以寫程式是基本的能力，這點跟軟體工程師是一樣的。**2**｜雖然同樣是寫程式，但純與個人電腦作業系統溝通的軟體程式與跟嵌入式系統硬體溝通的韌體程式，在程式邏輯上不盡相同。**3**｜要寫韌體程式，除了要了解其特殊的程式邏輯之外，對於程式所要溝通的硬體也要更深入地了解，例如寫光碟機的韌體程式，就要懂光碟機的特性。

花許多時間去問其他人。其次是因為交談上的吃力，一方面不容易聽到其他人在說些什麼，別人有什麼話也比較不會來講給他聽，使他在人際關係的經營上難度也較高。除此之外，研發人員必須充分與客戶溝通以了解其需求，但偶爾遇到要求不合理或是搞不清楚狀況的客戶時，研發人員也可能必須與對方據理力爭。對於溝通上較為吃力的他而言，這方面的表現自然受到許多限制。不過林其儁總會設法化阻力為助力。聲音固然常常聽不清楚，但勤做準備多少可以幫助他在開會時迅速進入狀況，此外，少了許多聊天的機會，即使辦公室裡嘈雜，他還是能專注在自己安寧的環境中，工作效率因此提升不少。

相較於那段「走錯路」的日子，林其儁還是覺得缺少興趣支持的事做起來更痛苦。對任何人來說，放棄既有的成就並重新選擇自己的路是需要很大的勇氣，而林其儁正是有這股勇氣的人，同時他也努力以自己的表現告訴大家：「做自己最快樂！」。

他聽不見聲音，家中卻收藏了一些電子音樂。他帶我們坐進他的跑車，關上窗戶將音樂音量調大，讓音樂透過皮椅的震動傳遍全身，這是他聽音樂的方式。他住在一個標準的學生公寓，SAAB跑車停在一排學生機車中，顯得頗為獨特。進了他的房間，裡面擺了兩張房東留下來的單人床，床下放了遙控飛機，飛機駕駛座中放了小叮噹。他的傢具很少，但顯然很會收納，他留下所有實用的東西，很有系統地將他收納在他找得到的地方。

# 范振能

Fan Zhen Neng

**科管局建管組第一科技士**

輪班與否——屬公務機關，無輪值班的需要　語言限制——無　升遷指數——★★☆☆☆

新竹科學園區固然大名鼎鼎，在國際上也極具盛名，然而談到「科管局」，一般的人可能就比較陌生了。科管局於民國六十九年成立，進而規劃出新竹科學園區，若說科管局就像竹科的母親可是一點也不為過。

范振能目前任職於科管局建管組，主要負責的業務是園區建物的配租暨管理，諸如園區的建物出退租、租金及租約、相關手續諮詢等是都他專責的業務。即使有些業務不在他負責的範圍之內，他也會在能力及權責範圍內盡力協助，不然便代為轉介至承辦單位。除此之外，與未按時繳交租金的廠家進行協調是他最常見的工作，有些簡單的case一通電話就搞定了，至於時間拖比較久或是常態性的延遲，也許就得出具公文給對方一些正式的提點才行，范振能總說自己就像竹科裡的「收租佬」。其實除了倒閉或財務狀況不佳的廠商之外，竹科很少有公司會繳不起租金，然而催租畢竟不是件受人歡迎的事，所以范振能在面對廠家的承辦人員時，適切的態度與服務的角色必須拿捏得當，否則可就變成別人眼中的討債鬼了。

除了租金的催繳之外，園區裡一些暫時空置的建物（如宿舍）也需要管理，范振能會定期去這些房舍巡視，同時將水電費等帳單取回處理，距離近的可能走幾步就到了，遠的就騎機車或是搭乘園區裡的巴士。漫步在這個待了二十多年的環境，范振能感覺彷彿做夢

**PROFILE**

男性｜53歲｜已婚｜A型｜處女座

大華技術學院電機系｜年資26年｜年薪80萬

覺得竹科人其實也沒什麼特別。

一般，依稀記得當年初進科管局時，竹科的進駐廠商還只有兩家，一眨眼間園區裡的廠商多出了四百家。昔日的荒郊野地，今日已成為高科技公司林立的「台灣矽谷」，二十多年下來，頗有滄海變桑田的感覺。

竹科當年的成立旨在推動國內的高科技產業，而政府也為此挹注了相當大的資源，凡是能通過審核而進駐的廠商，在竹科裡便可享有很多的投資優惠，因此竹科成為高科技業者經營天堂。范振能隨著科管局扮演服務的角色，在竹科任職期間，接觸過不計其數的竹科人，對於這群外界眼中所謂的「科技新貴」，范振能覺得他們都很優秀，對公司也多半願意盡心盡力，但在努力付出之餘，竹科人也很在意自己是否得到應有的回饋，如果公司承諾的福利沒有兌現，或是覺得自己的付出與回收之間不成比例，跳槽就難免了。竹科裡很講究Team Work，有時一走就是一個Team，這種例子范振能看過不少。

不獨竹科人來來去去，即便是企業也同樣會有起落，如果決策者具有前瞻性的視野與正確的經營規劃，則企業的運作便會比較穩定，縱使當不成「股王」，至少也能挺過大小風浪而屹立不搖。反觀某些大公司的決策層不務本業，拚命地將資金進行轉投資，結果理想也就罷了，一旦失策，公司便頓時面臨危機。這個道理聽來簡單，然而大部分的投資人不會太關心竹科的公司怎麼經營，頂多也只能看到一些大家都知道的表面資訊，股價的波動成了許多人眼中評估一間公司的主要標準。但科管局站在服務廠商與園區工作伙伴的角色上，任何一間公司倒閉或經營不善都意味著有一群竹科人即將面臨失業，這是范振能最

**「科管局」是什麼樣的機構**

科學工業園區設置之初始目的在引進高級科技工業及科技人才，並帶動我國工業技術之研究創新。「科學工業園區管理局（簡稱科管局）」於民國69年成立，是規劃科學園區的前奏。科管局位於新竹科學園區內，其業務主要在於執行園區管理、辦理園區營運工作及提供園區事業各項服務。科管局屬於公務機關，如同其他的公家單位一樣，局內的人員也分為編制內人員與約聘僱人員。編制內人員需具有公務人員資格，至於約聘僱人員則由科管局按業務需要聘用。有關科管局及科學園區的各種資訊可查詢科管局網站：http://www.sipa.gov.tw/

新竹是個新興的城市，櫛比鱗次的新大樓各處可見，為了區別各地的不同，新竹的路標每一區都用不同的顏色區分。范振能帶著我們參觀園區內的高爾夫球場、俱樂部與各種特色建築，讓我們見識新竹並不只是一個工業城，其中也有各種不同風貌生活的可能性。他就像是一種企業發言人，不求自己的鋒頭，將自己融入整體文化，讓自己成為這個文化的代表。就像新竹各種顏色井井有條的路標，范振能代表了新竹最有「系統」的個人典型。

不喜歡見到的。

竹科人究竟有何不同呢？范振能拿出九十四年九月號的〈新竹科學工業園區統計季報〉，根據統計資料記載，以民國八十九年為例，該年園區的工作人口為102,775人，相較於民國八十八年的82,822人，總計增加了19,953人，成長幅度高達24%，然而半導體業因為規模擴充得太快，市場上卻並未相對衍生足夠的需求，產能過剩的現象招來了不景氣的風暴，以致隔年園區的工作人口下降至96,293人，總計減少了6,482人，降幅達6%。進一步對照行政院主計處的統計，民國九十年台灣的失業率也不過4.57%。

范振能只是竹科裡的一個基層公務員，不像許多竹科人一般坐擁令人眼紅的高薪，但也不會每個年終都要煩惱這次有沒有股票分。到了這個年紀，理想生活的定義不全然要用物質來衡量。范振能的兩個女兒都已長大獨立，最小的兒子也已經上大學了。除了日常工作之外，閒暇之餘他會到郊外爬山，有時也去打打高爾夫球，簡單的生活讓人樂在其中。

「竹科人不就只是一群在竹科裡工作的人嗎，哪裡有什麼不同？」這位在竹科裡服務二十年的老前輩輕描淡寫地說出他的看法。

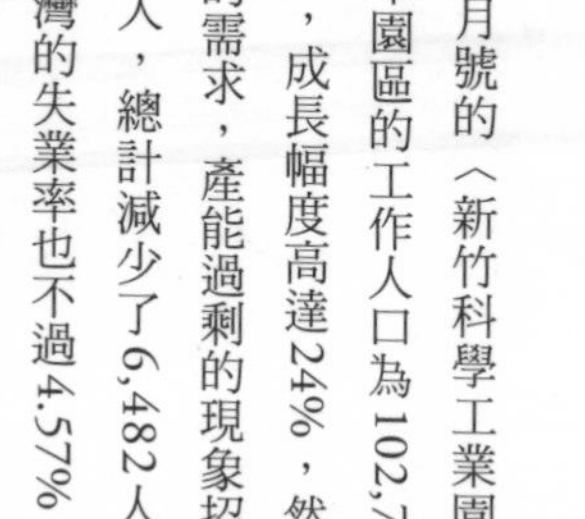

**竹科人年齡性別暨教育程度的相關資料**

**1**｜以國人而言，竹科人的學歷中高中職的比例最高，約佔28%，其次是專科與學士各佔23%，碩士學位佔19%，博士學位者約佔1%。**2**｜竹科人男性約佔51%，女性約佔49%。**3**｜竹科人年齡層以30～39歲者最多，約佔41%，其次為20～29歲，約佔37%。40～49歲的人口只佔11%。由此可知，竹科人的年齡層以青壯年偏年輕居多。（摘自科管局季94年09月季報）

# 薛家兄弟

**Ajax Syue & Jerry Ajax**

**半導體設備工程師**

輪班與否——需輪值假日班與夜班　語言限制——需具備英文能力　升遷指數——★★★☆☆

## 一個竹科，兩兄弟

同樣在竹科上班，同樣擔任設備工程師，在阿賈克斯兄弟兩人身上同樣顯示出做為設備工程師的負責個性。為什麼自稱阿賈克斯？那是因為兄弟倆從小就喜歡踢足球，而阿賈克斯是希臘神話中一位戰士，某一支荷蘭足球隊便以之命名，因此哥哥便自稱阿賈克斯，弟弟則自稱傑瑞．阿賈克斯。

身為設備工程師，每天早上八點半之前要到達公司，一待至少十一個小時，回到家通常已經晚上八、九點了。每個月平均還要值三天的假日班，工作時間相當的長。同樣的敬業樂業，兄弟兩人卻各有不同的動力。

哥哥阿賈克斯的動力是實踐夢想。以前買不起的車子、音響之類的消費品，現在都負擔得起了。阿賈克斯認為對物質的慾望人人都有，只是程度各有不同，在竹科工作對於實現這些願望有直接的幫助。不過天下沒有白吃的午餐，竹科人高收入的背後伴隨著長時間的努力付出，這點幾已形成竹科的工作文化。工作壓力固然不輕，但負擔與回饋是否成比例才是阿賈克斯思考工作價值的關鍵所在。「要怎麼收穫，先那麼栽」，有了這一層體認，阿賈克斯並不會對長時間的工作感到難以負荷，何況公司所提供的待遇及福利相當令人滿意，員工們在食衣住行各方面都得到了完善的照顧，這也是阿賈克斯的動力之一。

然而，十足健全的生活機能也可能帶來一個小小的副作用，就是讓員工們對公司的福

**PROFILE**

Ajax｜男性｜33歲｜已婚｜A型｜獅子座

淡江大學機械系・中央大學機械所｜年資6年｜年薪100萬

希望能多留一些時間給自己與家人。

adidas

利過度依賴，例如一些單身的同仁三餐幾乎都在公司解決，一旦離開了公司或許還會不習慣！阿賈克斯部門裡單身的同事很多，這與忙碌的工作型態不無關係，工時長自然排擠了其他活動的時間。此外，一般人常有機會在職場上找到另一半，但工程師卻多半是男性，這點或多或少減少了這群人與異性交往的機會，因此許多工程師選擇與生產線上的女性技術人員交往，這也是竹科工程師常見的一種戀愛模式。

弟弟傑瑞．阿賈克斯則熱愛工作帶來的成就感。傑瑞大四的時候便開始在竹科當工讀生，這是一個理想而有挑戰性的工作環境，因此他畢業後便繼續留在這間公司擔任設備工程師。但正職工程師工作內容與工讀生大不相同，記得那段新手工程師生涯，傑瑞在工作上遇到很多困難。以二十四小時運作的生產線為例，日夜班工程師之間的工作交接雖然是例行公事，但卻也是一個工作天最重要的開始。一般的新人由於經驗不足，在工作的交付或是任務接收上常常不得要領，而資深的工程師及主管們可不會客氣。一方面不能漏掉各種細節，同時也要磨一磨這些菜鳥，所以新人的工作交接常常要拖很久，被前輩及主管「操」過之後，緊接著就穿上無塵衣投入無塵室裡的生產線工作，有時忙到連午餐都沒時間吃，當時一天工作超過十二小時根本是家常便飯。

在絲毫不容馬虎的生產線上，苦不堪言的新人比比皆是，一旦出了錯，說不定很快就會看到自己的紕漏被寫成案例宣導在公司裡流傳。憑著不服輸的意志，也為了證明自己的工作能力，傑瑞盡全力務求令自己對工作環境中不熟悉的事物能儘快上手。所謂：「熟能

**PROFILE**

Jerry Ajax｜男性｜31歲｜已婚｜A型｜射手座

逢甲大學電機系｜年資2年｜年薪100萬

喜歡與哥哥一起打保齡球，順便交換工作上的心得。

生巧」，再加上加倍的努力做後盾，半年多下來，傑瑞對機台的運作及常發生的狀況愈來愈了解，一般常見的問題到了他手上都能迅速解決，例行性的工作交接當然更是難不倒他。工作表現上有了明顯進步之後，有時連學歷更高或更資深的工程師都會向他請教工作上的問題，這便是傑瑞最有成就感的一刻了。

工作不單只是謀生的途徑，發掘自我的價值也是很重要的目標。遇到問題時固然要想辦法解決，即使沒有任何狀況，也可以動腦筋改善流程以求讓例行工作更有效率，對傑瑞而言，設備工程師的工作並不只是一份每天開開會，盯著生產線修修機器就能做好的事。古人說：「知之者不如好之者，好之者不如樂之者。」這句話可以在傑瑞工作時得到印證。因為除了賺取生活所需之外，傑瑞對自己的工作更是樂在其中。許多人對自己每天做的事感到無趣，漫長的一天自然成為痛苦的煎熬。但傑瑞卻是個樂在工作的人，每當談到工作上的事，就能看到他神采飛揚的一面，彷彿小孩子看到喜歡的玩具一般。

最近哥哥阿賈克斯小倆口正在為了家裡的新成員手忙腳亂。阿賈克斯的太太在公司另一部門裡擔任祕書，行政職的工作時間雖然沒有工程師那麼長，但小家庭終究要面對孩子的照顧問題。由於兩人都要上班，白天實在騰不出空閒照顧小孩，因此阿賈克斯夫婦一度帶著孩子寄住台北親戚家，夫妻倆每天開著車新竹台北兩地跑，冬天一大早摸黑出門，下班後十點多才能回到台北，勞碌奔波只為了每天能看到孩子。

父母長時間工作對親子關係的影響不容忽視，陪伴孩子成長的時間相對減少，這是許

### 什麼是設備工程師

設備工程師的職務內容就是使設備（機台）順暢地運作。以半導體產業而言，黃光、蝕刻、擴散、薄膜等不同的製程各有不同的機台，而機台在生產過程中所發生的狀況就由設備工程師加以處理。不同型號的機台結構相異，即使是型號相同的兩個機台，在運作上也往往會有不同的狀況。每個設備工程師都分配有專屬的「責任機台」，在休假時要為自己的責任機台安排職務代理人，以確保每個機台在任何時間都有能立刻處理其突發狀況的負責人。即便如此，設備工程師休假時也往往處於「On Call」的狀態，以便接到公司的電話時能立即處理責任機台的問題。

薛家兄弟兄弟感情極好，住在永和夜市旁的傳統老公寓中。他們一起求學、一起上班、一起結婚，甚至在同樣的時間生了小孩。人生對他們而言是一場遊戲。工作、結婚、生子、打球，他們以遊戲的心情，遵循遊戲規則。有規則才有評量，有評量才有趣味。

多竹科人所共同面臨的問題。所幸阿賈克斯的同事間都會相互體諒，凡是有家小的工程師，往往在工作上會得到伙伴的加倍協助，以避免因過重的負擔而疏照料家庭，這點已成為阿賈克斯工作環境中一種貼心的文化。很少有人因為自己的額外付出而有所抱怨，阿賈克斯形容公司就像一個大家庭，這種溫馨的感覺也是激勵大家能維持高昂工作情緒的重要因素之一。

對這群長時間打拚的竹科工程師而言，休閒生活的品質相形顯得重要。下班已經夠晚，假日還要值班，阿賈克斯兄弟努力對自己有限的休閒時間精打細算。他們參加一支台北的棒球隊，不用值班的假日會固定參與練球，或是到打擊練習場去揮揮棒。有時生產線正趕完一批訂單，工作量比較少，就要把握機會排個假帶家人四處走走。

認同自己也認同環境，樂在工作，所以能不計較付出，這就是竹科人阿賈克斯兄弟。

**如果想要擔任設備工程師，你必須……**

**1**｜需有工科相關的學歷（如電機、機械等等），否則對於設備工程師的工作將難以上手。**2**｜需要實際動手進行設備保養及維修方面的工作，不適合只會紙上談兵的學術派。**3**｜細心與謹慎是重要的特質，因為每個機台的價格都相當昂貴，零料件也不便宜，承受不起粗枝大葉的工作耗損。

catch 112 **竹科人**

文字：楊欣龍　攝影：李鼎
責任編輯：韓秀玫・繆沛倫
美術設計：徐鈺雯
出版：大塊文化出版股份有限公司
地址：台北市南京東路四段25號11樓
網址：www.locuspublishing.com
信箱：locus@locuspublishing.com
電話：02-8712-3898
傳真：02-8712-3897
專線：0800-006-689
帳號：18955675
戶名：大塊文化出版股份有限公司
法律顧問：全理法律事務所董安丹律師
總經銷：大和書報圖書股份有限公司
地址：台北縣五股工業區五工五路2號
電話：02-8990-2588
傳真：02-2290-1658
初版一刷：2006年6月
定價：新台幣260元
行政院新聞局局版北市業字第706號

ISBN 986-7059-18-2